Wehre und Sohlenabstürze

Berechnung der Unterwasserspiegellage und
Kolktiefe bei den verschiedenen Abflußarten

Untersuchungen aus dem Flußbaulaboratorium
der Technischen Hochschule zu Karlsruhe

Von

Dr.-Ing. JOSEF EINWACHTER

Mit 35 Abbildungen im Text, 22 Abbildungen im Anhang
und 10 Zahlentafeln

MÜNCHEN UND BERLIN 1930
VERLAG VON R. OLDENBOURG

Druck von R. Oldenbourg, München.

Vorwort.

Es ist eine bisher nur wenig erforschte und in ihrer Wirkung auf die Tiefe der Kolkbildung noch ungeklärte Erscheinung, daß beim Abfluß des Wassers an Wehren, besonders bei solchen mit erhöhtem Schußboden die Abflußart sich zeitweise plötzlich ändert. Die Änderung der Abflußart zeigt sich darin, daß der schießende Wasserstrom bald in das Unterwasser eintaucht, bald an die Oberfläche tritt und hier unter Bildung von stehenden Wellen abfließt.

Dieser eigenartige Wechsel im Abflußvorgang wird von H. Roth, der ihn in der Natur beobachtet hat, in seiner im Jahre 1917 in der Schweizer Bauzeitung erschienenen Veröffentlichung über: Kolkerfahrungen und ihre Berücksichtigung bei der Ausbildung beweglicher Wehre, erwähnt. Bei den Versuchen, die H. E. Gruner und Ed. Locher mit Floßfedern ausgeführt haben, zeigte sich ein ähnlich periodischer Wechsel des Abflußbildes. Darüber wurde im Jahre 1918 gleichfalls in der Schweizer Bauzeitung in den »Mitteilungen über die Versuche zur Verhütung von Kolken an Wehren« berichtet.

Seither sind im Karlsruher Flußbaulaboratorium eine Anzahl von Versuchen ausgeführt worden, die dazu bestimmt waren, bei Stauwehren jene Sturzbettausbildung aufzufinden, welche die Kolkgefahr möglichst verringert. Bei mehreren dieser Versuche, mit deren Ausführungen der Verfasser betraut war, konnte dasselbe eigentümliche Spiel des fließenden Wassers beobachtet werden. In der Veröffentlichung von Prof. Th. Rehbock über: Bekämpfung der Sohlenauskolkungen bei Wehren durch Zahnschwellen[1]) wird dieser Vorgang auch näher beschrieben. Es heißt da: »Am Modell des im Nilufer-Kanal bei Brussa in Kleinasien projektierten Wehres erfolgte bei fehlender Zahnschwelle eine ganz wilde stoßweise Auskolkung und eine anschließende hohe Auflandung. Durch diese Auflandung wird dann infolge eintretender Hebung des Wasserspiegels das Abflußbild gänzlich geändert.« Spätere Versuche zeigten jedoch, daß die hinter dem Kolk entstehende Auflandung auf den Abflußwechsel nur geringen Einfluß hat. Der Abflußwechsel trat bei gleichbleibender Abflußmenge und Überfallhöhe immer erst dann ein, wenn die Kolktiefe ein bestimmtes Maß erreicht hatte. Daraus geht hervor, daß das Strahlbild durch die an der Übergangsstelle auftretenden statischen Kräfte bedingt ist.

A. A. Sabaneyef, Prof. am Polytechnikum in Petersburg-Leningrad, machte zuerst den Versuch, mit Hilfe des Satzes von der Bewegungsgröße die Bedingungen für den an der Oberfläche abfließenden gewellten bzw. untergetauchten Schußstrahl rechnerisch festzulegen. Die von K. J. Karlson[2]) in der Teknisk Tidskrift wiedergege·beuen Berechnungen haben dieses Problem allerdings nicht gelöst.

---

[1]) Sonderabdruck aus der Festschrift zur Jahrhundertfeier der Techn. Hochschule zu Karlsruhe.
[2]) Literaturverzeichnis Nr. 7

Vorliegende Arbeit entspricht im wesentlichen der an der Bauingenieurabteilung der Techn. Hochschule Karlsruhe am 15. April 1927 eingereichten Dissertation. Referent war: Prof. Dr.-Ing. E. h. Th. Rehbock: Korreferent: Privatdozent Dr.-Ing. P. Böß.

Es ist die Aufgabe der vorliegenden Arbeit, die Wirkungsweise der beim Wechsel des Abflußbildes auftretenden Kräfte zu klären, um auf diesem Wege diejenigen Faktoren zu erkennen, welche die Abflußart und damit die Größe der Sohlenauskolkungen bestimmen. Dies erfordert natürlich auch die Feststellung der Grenzen zwischen den beiden Abflußarten.

Zu diesem Zweck wurden zunächst die Erscheinungen beim Wechsel des Fließzustandes vom schießenden zum strömenden Abfluß näher untersucht. Damit sollte die Grundlage für die Berechnung derjenigen kritischen Wasserspiegellagen geschaffen werden, bei welchen ein Wechsel des Strahlbildes erfolgt. Denn auch die mit den Namen »gewellter« bzw. »getauchter« Strahl bezeichneten Abflußarten stellen beide nur einen Übergang vom schießenden zum strömenden Abfluß dar.

Um die Abflußerscheinungen genau verfolgen zu können, war es notwendig, zunächst Versuche mit einer festen unbeweglichen Flußsohle auszuführen, um störende Nebeneinflüsse auszuschalten. Die dabei festgestellten Gesetzmäßigkeiten in der Abflußweise wurden dann später bei den Kolkversuchen mit beweglicher Sohle nochmals überprüft, wobei zugleich auch die Richtigkeit der auf rein analytischem Wege abgeleiteten Formeln bestätigt werden sollte.

Durch die weiteren ausgeführten Versuche wird dann noch gezeigt, inwiefern es möglich ist, mit Hilfe einer am Ende des Sturzbettes eingebauten Zahnschwelle nach Prof. Rehbock bei den verschiedenen Fließarten des Wassers die Bildung schädlicher Kolke in der unmittelbaren Nähe der Bauwerke zu verhindern.

Herrn Geh. Oberbaurat Dr.-Ing. E. h. Th. Rehbock, dem Direktor des Flußbaulaboratoriums, der mir die Ausführung der Versuchsarbeiten aus Mitteln des Laboratoriums in zuvorkommender Weise gestattete, möchte ich auf diesem Wege meinen verbindlichsten Dank aussprechen. Ebenso bin ich Herrn Regierungsbaurat Dr.-Ing. P. Böß, dem Betriebsleiter des Laboratoriums, für seine wertvolle Unterstützung und Herrn Dr.-Ing. E. Schleiermacher, der mir bei der Versuchseinrichtung sehr behilflich war, zu Dank verpflichtet.

Inhaltsverzeichnis.

Bezeichnungen.

$b =$ Kanalbreite.

$d =$ Druckhöhe (Wassersäulenhöhe).

$h =$ Schußbodenhöhe über der Flußsohle (Absturzhöhe).

$h' =$ Grenzkolktiefe, bei welcher der obere Abfluß eintritt.

$h_t =$ berechnete kritische Schußbodenhöhe über der Flußsohle (theoretisch $= h'$).

$h'' =$ Grenzkolktiefe, bei welcher der untere Abfluß eintritt.

$H = (H_o$ oder $H_u)$ Energielinienhöhe eines offenen Stromes.

$J =$ Sohlengefälle, $i =$ der Fall der Sohle zwischen zwei Querschnitten.

$J_e =$ Energieliniengefälle.

$k =$ Geschwindigkeitshöhe, k_o und k_u die des Ober- bzw. Unterwassers.

$L =$ Schußbodenbreite.

$s =$ Schützenöffnung.

$t =$ Wassertiefe eines Stromes.

$t_o =$ Oberwassertiefe oder Schußstrahltiefe beim Wechsel des Fließzustandes vor dem Sprung.

$t_x =$ Wassertiefe unter dem Überfallstrahl an der Übergangsstelle beim Wechsel des Strahlbildes vom gewellten in getauchtem Abfluß.

$t_{gr} =$ theor. Grenztiefe.

$t_u =$ Unterwassertiefe beim Wechsel des Fließzustandes.

$t_{uw} =$ Grenzunterwassertiefe beim Fließwechsel ohne Deckwalzenbildung.

$t_{uf} =$ Grenzunterwassertiefe beim Fließwechsel mit freier Deckwalze.

$t_{u_1} =$ kritische Unterwassertiefe vor dem Übergang vom getauchten in gewellten Abfluß.

$t_{u_2} =$ kritische Unterwassertiefe vor dem Übergang vom gewellten in getauchten Abfluß.

$t_y =$ berechnete Unterwassertiefe des Wechselsprunges beim Übergang des Schußstrahles vom oberen in den unteren Abfluß ($= t_u$).

$t_s =$ Stauhöhe hinter der Schützentafel.

$\tau =$ Wassertiefe in der Deckwalze.

$p =$ Sprunghöhe $(t_u - t_o)$, bei gestautem Wechselsprung $[t_u - (t_o + \tau)]$.

$y =$ Unterwasserspiegellage über Schußbodenhöhe.

$v =$ mittlere Geschwindigkeit, v_o und v_u die des Ober- bzw. Unterwassers.

$Q =$ Abflußmenge in l/s.

$z =$ Zusatzspannung in einem lotrechten Stromschnitt.

I. TEIL.

Der Abfluß des Wassers bei Wehren und der dabei auftretende Wechsel des Fließzustandes.

A. Allgemeines über den Wasserabfluß in offenen Gerinnen.

Bei stationärer gleichförmiger Bewegung des Wassers in offenen Wasserläufen mit einem stetigen Bett und gleichbleibender Abflußmenge berechnet sich die mittlere Geschwindigkeit zu:

$$v = c\sqrt{RJ} \text{ oder } \frac{Q}{F} = c\sqrt{\frac{F}{p}J}.$$

Hier bedeuten c den Reibungsbeiwert, R den hydraulischen Radius (= Fläche F durch benetzten Umfang p), J das Sohlen- oder Wasserspiegelgefälle. Setzt man in die Formel an Stelle von J das maßgebende Rauhigkeits- oder Energieliniengefälle ein, so kann mit ihr auch die Geschwindigkeit für den stationär beschleunigten oder verzögerten Abfluß für kurze Flußstrecken ermittelt werden. Die Art des Fließzustandes wird dabei durch die Lage des Wasserspiegels bestimmt. Das Wasser befindet sich entweder im »Strömen« (ruhiger Strom) oder im »Schießen« (reißender Strom) je nachdem der Wasserspiegel oberhalb oder unterhalb der theoretischen Grenztiefe liegt, wobei die Fließgeschwindigkeit kleiner als die Wellengeschwindigkeit ist oder dieselbe übersteigt[1]). Es entsteht:

a) Strömender Abfluß, wenn $v < \sqrt{gt}$,

b) Schießender Abfluß, wenn $v > \sqrt{gt}$.

Hierbei bedeutet g die Erdbeschleunigung und t die Wassertiefe.

In dem beim Übergang vom strömenden zum schießenden Abfluß bildenden Grenzström ist $v = \sqrt{gt}$. Der Wasserspiegel steht dabei in der Höhe der theoretischen Grenztiefe, die sich aus der bekannten sekundlichen Abflußmenge Q und der Breite b eines Kanals von rechteckigem Querschnitt zu

$$t = t_{gr} = \sqrt[3]{\frac{Q^2}{b^2}g}$$

berechnet[2]).

1. Der Wechselsprung.

Im Staubereich eines Wehres ist bekanntlich stets ein strömender Abfluß vorhanden. Beim Absturz über den festen Wehrkörper oder beim Ausfluß unter beweglichen Schützentafeln wird das Wasser jedoch meist schießend abfließen, wobei

---

[1]) P. Böß. Berechnung der Wasserspiegellage. Forschungsheft des Verein deutscher Ingenieure, Berlin NW 7, 1927.

[2]) Th. Rehbock, Betrachtungen über Abfluß, Stau und Walzenbildung. Verlag von Julius Springer 1917, S. 5.

es eine die Wellengeschwindigkeit $\sqrt{g\,t}$ übersteigende Geschwindigkeit annimmt, die sich aus der Überfall- oder Druckhöhe h annähernd zu $v = \sqrt{2\,g\,h}$ berechnet.

Im Flußlauf unterhalb eines Wehres ist aber der normale Abfluß meistens wieder strömend, woraus hervorgeht, daß ein Wechsel des Fließzustandes, sei es über dem befestigten Sturzboden oder unterhalb desselben im unbefestigten Flußbett, erfolgt sein muß.

Es können drei Arten des Fließwechsels vom Schießen zum Strömen, wie sie in Abb. 1 dargestellt sind, unterschieden werden.

a) der reine Wechselsprung ohne Deckwalze,
b) der Wechselsprung mit freier Deckwalze,
c) = c') der gestaute Wechselsprung.

Die Übergang- bzw. Sprungstelle liegt, soweit der Wasserstrom von keiner Walze überlagert ist (Abb. 1 a), annähernd im Schnittpunkte der durch die beiden Stromstrecken festgelegten Energielinien. Es setzt dies voraus, daß beim reinen Wechselsprung kein merklicher Energieverlust stattfindet, was auch durch die Versuche bestätigt wird. Sobald aber die Sprunghöhe eine bestimmte Grenzlage übersteigt, dürfen die Energieverluste nicht mehr vernachlässigt werden. Es rückt alsdann der Wechselsprung um das Maß $\dfrac{h_r}{J_e}$ flußaufwärts, wobei h_r die Größe des Verlustes und J_e das Einheitsgefälle der Energielinie darstellt. Der Wechselsprung wird hierbei allmählich von einer Wasserwalze überdeckt, die wir in Zukunft je nach dem der Schußstrahl noch sichtbar oder völlig bedeckt ist, als freie bzw. gestaute Deckwalze bezeichnen wollen (Abb. 1, b, c und c'). Am unteren Deckwalzenende tritt der strömende Wasserstrom völlig beruhigt hervor, wobei ein »Wassersprung« entsteht, in dem die hervorquellenden Wasserteilchen sich trennen, teils rückwärts laufen und die Deckwalze speisen, teils in der Strömungsrichtung abfließen.

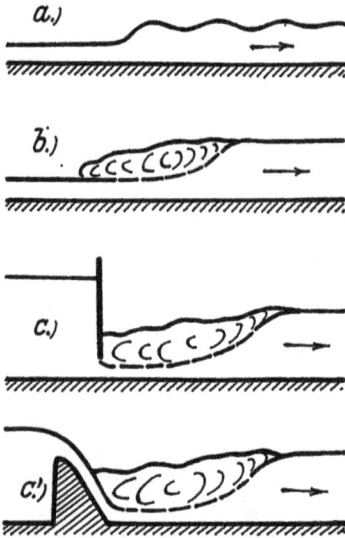

Abb. 1. Abflußarten beim Fließwechsel vom Schießen zum Strömen.

Der Wassersprung[1]), womit übrigens in der Fachliteratur häufig der gesamte Abflußvorgang beim Wechsel des Fließzustandes vom Schießen zum Strömen bezeichnet wird, ist zuerst von G. Bidone genauer untersucht worden. Darüber berichtet er in den Memoires de l'Academie de Turin 1820.

Berechnet wurde die Sprunghöhe schon ziemlich früh von Belanger[2]) unter Annahme der Erhaltung der Energie. Einschlägige Untersuchungen und Berechnungen wurden dann später auch von Bazin, Boussinesq und Unwin ausgeführt. Ritter[3]) behandelte den Wassersprung gleichfalls unter der Annahme, daß beim Fließwechsel keine Energie verloren geht, wobei er auch Gefällsbrüche und Sohlenstufen berücksichtigt. Inwieweit diese Annahme, daß der Fließwechsel ohne Energieverlust erfolgt, zutrifft, wird sich aus den späteren Ausführungen ergeben.

Mit Hilfe des Satzes von der Bewegungsgröße wurde die Sprunghöhe zuerst von Bresse im Jahre 1838, dann viel später im Jahre 1914 von A. H. Gibson[4]) berechnet.

---

[1]) Ph. Forchheimer. Der Wassersprung. Die Wasserkraft, Jahrg. 1925, Heft 14.

[2]) Belanger, Essai sur la solution numerique de quelques problèmes relatifs au mouvement permanent des eaux courrentes. Paris 1828.

[3]) Zeitschrift des VDI., Jahrgang 1895. S. 1849.

[4]) Literaturverzeichnis Nr. 4.

Letzterer hat die Richtigkeit seiner Berechnungen, und zwar unter Berücksichtigung des Sohlengefälles gleichzeitig auch versuchsmäßig nachgewiesen.

Eine neue und ausführliche Behandlung des Wassersprunges enthält das im Jahre 1926 herausgegebene Werk: Koch-Carstanjen, »Von der Bewegung des Wassers und den dabei auftretenden Kräften«. Die Berechnungen sind auf Grund des hier zuerst als »Stützkraftsatz« genannten Gesetzes durchgeführt. Dieser besagt dasselbe, wie der Satz von der Bewegungsgröße (Impulssatz) mit dem Unterschiede, daß der erstere das Kräftespiel im Innern eines Stromes anschaulicher darstellt.

Der Stützkraftsatz wurde auch für die in der vorliegenden Arbeit entwickelten Berechnungen verwendet. Es möge deshalb hier kurz auf ihn eingegangen werden.

B. Der Stützkraftsatz und seine Anwendung.

Es wirken in dem Zulaufquerschnitt a—a eines Stromes (Abb. 2) der Druck D_a, der sich zusammensetzt aus dem hydrostatischen Druck T_a, der (positiven oder negativen) Zusatzspannung Z_a und der Stoßkraft P_a. Setzt man an Stelle dieser Kräfte die Mittelkraft W_a, ebenso am Abfluß-querschnitt b—b statt $D_b = T_b + Z_b$ und dem hydraulischen Gegendruck P_b die gleichwertige Mittelkraft W_b, so wird, wenn zwischen den Schnitten a—a und b—b keine anderen waagrechten Kräfte (Reibungskräfte) auf den Wasserstrom wirken, sein:

$$W_a = W_b$$

Ganz allgemein lautet der Stützkraft-satz:

»In einem durch zwei Normalschnitte begrenzten Stromabschnitt stehen die Stütz-kräfte im Gleichgewicht mit Eigengewicht, Wanddrücken und Reibungswiderstand.«

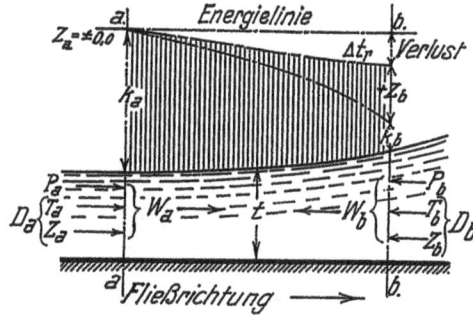

Abb. 2.

Daraus ergibt sich an Stelle der dynamischen die einfachere statische Untersuchung, nachdem die Bewegung in einen gleichwertigen Zustand der Ruhe verwandelt ist.

Bei der Berechnung von P, T und Z gilt im allgemeinen, daß die Veränderungen von v und z mit der Tiefe zu berücksichtigen sind. Dies wird dadurch erleichtert, daß man den Strom in einzelne Schichten teilt und für diese dann die Stützkräfte einzeln berechnet. Über die Berechnungsweise soll von Fall zu Fall entschieden werden.

Die Zusatzspannung z (Abb. 2) tritt bei krummliniger Bewegung infolge der Schleuderkraft in Erscheinung und äußert sich in der Tiefe t eines lotrechten Strom-schnittes:

a) als Unterdruck, wenn $d = (t - z)$, daher $D = (t - z) b \gamma = T - Z$,
b) als Überdruck, wenn $d = (t + z)$, daher $D = (t + z) b \gamma = T - Z$.

Hier bedeutet d die wirksame Druckhöhe im Wasser.

Bekanntlich wird:

$$z = \sum_1^n \varDelta z = \sum_1^n \left(\frac{2 k}{\varrho}\right) \varDelta t,$$

wenn k die Geschwindigkeitshöhe einer Stromschicht von der Dicke $\varDelta t$ ist und ϱ der Krümmungsradius. Da die Werte k von z abhängig sind, weiterhin die Größen ϱ bestenfalls nur in den Randfäden bekannt sind, ist es in den praktisch vorkommenden Fällen meist nur möglich, den Strom als eine einzige Schicht aufzufassen und für diese den Mittelwert von z zu bestimmen. Dies trifft übrigens auch bei der Berechnung von P zu, da meistens nur die mittlere Geschwindigkeit $v = \dfrac{Q}{F}$ bekannt ist.

1. Berechnuug der beim Wechselsprung auftretenden Unterwassertiefe.

Bedeuten in Abb. 3 t_o und t_u die Wassertiefen vor bzw. hinter dem Sprung und i das absolute Gefälle der Sohle zwischen den Querschnitten *1* und *2*, so beträgt die mittlere Tiefe im Staubezirk $\left(t_u - \dfrac{i}{2}\right)$.

Da die Stützkräfte in den Schnitten *1* und *2* zueinander im Gleichgewicht stehen, außerdem, wie bekannt, der Druck sich in Bewegung umsetzt, so ergibt sich die folgende Gleichung:

$$W_o = \left[\frac{t_o{}^2}{2} + t_o z + \left(t_u - \frac{i}{2}\right) i + 2 t_o k_o\right] \gamma = W_u = \left[\frac{t_u{}^2}{2} + t_u z + 2 t_u k_u\right] \gamma \quad . \ (1)$$

da in den Querschnitten *1* und *2* die Zusatzspannung $= 0$ gesetzt werden kann, ist

$$t_o{}^2 - t_u{}^2 + 2\left(t_u - \frac{i}{2}\right) i = t_o{}^2 - (t_u - i)^2 = 4\,(t_u k_u - t_o k_o) \ \ . \ . \ . \ . \ (2)$$

Es ist $q = t_o v_o = t_u v_u$, woraus

$$v_u = \frac{t_o}{t_u} v_o \quad \text{und} \quad k_u = \frac{v_u{}^2}{2\,g} = \frac{t_o{}^2}{t_u{}^2} k_0.$$

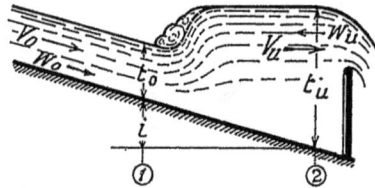

Abb. 3. Wechselsprung in offenem Gerinne bei einem Sohlengefälle J.

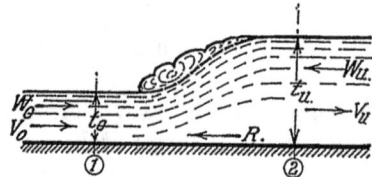

Abb. 4. Wechselsprung in offenem Gerinne ohne Sohlengefälle.

Setzt man diese Werte in die Gleichung (2) ein, so wird:

$$t_o{}^2 - t_u{}^2 + 2\left(t_u - \frac{i}{2}\right) i = 4\left(t_u \frac{t_o{}^2}{t_u{}^2} k_o - t_o k_o\right) \ \ . \ . \ . \ . \ . \ . \ . \ . \ (3)$$

oder

$$t_o{}^2 - t_u{}^2 + 2\left(t_u - \frac{i}{2}\right) i = 4\,t_o k_o \left(\frac{t_o}{t_u} - 1\right) = 4\,t_o k_o \left(\frac{t_o - t_u}{t_u}\right) \ \ . \ . \ . \ (4)$$

Gleichung (4) mit t_u multipliziert, ergibt
$$t_o{}^2 t_u - t_u{}^3 + 2 t_u{}^2 i - t_u i^2 = 4\,t_o k_o\,(t_o - t_u),$$

aus der dann für t_u die Gleichung dritten Grades entsteht:

$$t_u{}^3 - 2 t_u{}^2 i - t_u\,(t_o{}^2 + 4 t_o k_o - i^2) + 4 t_o{}^2 k_o = 0 \ \ . \ . \ . \ . \ . \ . \ . \ (5)$$

Es empfiehlt sich daraus t_u durch Proberechnungen zu bestimmen.

Für den Fall, daß das Sohlengefälle i nur ganz geringfügig oder gleich 0 ist (Abb. 4). geht die Gleichung (5) über in die einfachere Form:

$$t_u{}^2 - t_o{}^2 = 4\,t_o k_o \left(1 - \frac{t_o}{t_u}\right) \ \ . \ . \ . \ . \ . \ . \ . \ . \ . \ . \ (6)$$

oder aber

$$(t_u + t_o)(t_u - t_o) = 4 t_o k_o \left(\frac{t_u - t_o}{t_u} \right) \quad \ldots \ldots \ldots (7)$$

Aus dieser quadratischen Gleichung für t_u wird die Unterwassertiefe berechnet zu:

$$t_u = -\frac{t_o}{2} \pm \sqrt{\frac{t_o^2}{4} + 4 t_o k_o} = \frac{t_o}{2} \left(-1 \pm \sqrt{1 + \frac{16 k_o}{t_o}} \right) \quad \ldots \ldots (8)$$

Um die Stützkraftformel auf ihre Zuverlässigkeit zu überprüfen, wurden verschiedene Abflußmengen durch ein Schütz geleitet und bei einer Ausflußöffnung von $s = 1{,}5$ cm die Wassertiefen jeweils vor und hinter dem Sprung gemessen. Die beobachteten Werte wurden dann mit denen nach der Gleichung (8) berechneten verglichen. Die vereinfachte Formel konnte für diese in Zahlentafel 1 angegebenen Beispiele verwendet werden, da bei den Versuchen das Sohlengefälle annähernd $1 : \infty$ war. Aus dem Vergleich ergibt sich eine mittlere Abweichung der einzelnen Beobachtungswerte von den Formelwerten von nur $\pm 2{,}6 \%$. Die Zuverlässigkeit der auf rechnerischem Weg abgeleiteten Formeln ist damit bestätigt (vgl. die graphische Auftragung Abb. 11, S. 14).

Die Gleichungen (5) und (8) sind identisch mit denen von Gibson und Bresse angegebenen:

$$(h_1 - h_2) \left(\frac{h_1 + h_2}{2} - \frac{h_1}{h_2} \frac{v_1^2}{g} \right) + \left(h_2 - \frac{d}{2} \right) d = 0 \quad \text{(Gibson)}$$

$$h_2 = -\frac{h_1}{2} + \sqrt{\frac{h_1}{2} + \frac{2 h_1 v_1^2}{g}} \quad \text{(Bresse)},$$

wobei h_1, h_2, d und v_1 den Bezeichnungen t_o, t_u, i und v_0 entsprechen.

Zahlentafel 1.

Nr.	Q	t_o cm	$v_0 = \frac{Q}{F}$	$k_0 = \frac{v_0^2}{2g}$	$H_o = (t_o + k_o)$	t_u cm	$v_u = \frac{Q}{F}$	$k_u = \frac{v_u^2}{2g}$	$H_u = (t_u + k_u)$	t_u' cm be- rechnet	$t_u - t_u' = \varDelta t_u$ cm	%	$H_o - H_u = \varDelta H$ cm	Deck- walzen- breite ge- messen cm
	l/s	beob.	cm/s	cm	cm	beob.	cm/s	cm	cm					
1	2,22	1,09	81,60	3,39	4,48	3,54	25,08	0,321	3,86	3,33	+0,21	+5,93	0,62	15,0
2	2,68	1,09	98,50	4,94	6,03	4,20	25,52	0,331	4,53	4,13	+0,07	+1,67	1,50	20,0
3	3,08	1,07	115,40	6,79	7,86	5,00	24,66	0,310	5,31	4,87	+0,13	+2,60	2,55	23,0
4	3,77	1,05	143,50	10,53	11,58	6,10	24,72	0,311	6,41	6,13	−0,04	−0,65	5,17	29,0
5	4,00	1,04	154,00	12,10	13,14	6,50	24,61	0,308	6,80	6,62	−0,12	−1,84	6,34	31,8
6	4,54	1,03	176,60	15,87	16,90	7,45	24,40	0,304	7,75	7,58	−0,13	−1,74	9,15	38,0
7	4,76	1,03	185,00	17,54	18,57	7,80	24,41	0,303	8,10	7,99	−0,19	−2,43	10,47	41,0
8	5,12	1,02	201,50	20,70	21,72	8,50	24,10	0,296	8,79	8,66	−0,16	−1,88	12,93	45,6
9	5,44	1,00	216,00	23,80	24,80	9,00	24,05	0,295	9,34	9,26	−0,26	−2,88	14,46	51,4

2. Die Grenzunterwassertiefe des Wechselsprunges ohne Deckwalze.

Aus der Zahlentafel 1 geht eine wichtige Feststellung hervor, nämlich daß die Energielinienhöhe $H_o = (t_o + k_o)$ hinter dem Sprung nur mehr die Größe $H_u = (t_u + k_u)$ besitzt. Der Verlust an Energie $\varDelta H = (H_o - H_o)$ ist aus der Verwandlung von mechanischer in Wärmeenergie zu erklären. Er ist, mit dem Stoßverlust bei festen Körpern $A = \frac{(v_o - v_u)^2}{2 g}$ verglichen, stets kleiner als dieser; ein Umstand, der beweist, daß der Fließwechsel besonders beim Wechselsprung mit darüber liegender Deckwalze niemals ganz plötzlich, d. h. ohne jeden Übergang von der Geschwindigkeit v_o zu v_u erfolgt.

Um die obige Feststellung mit der Wechselsprungtheorie in Einklang zu bringen, wurde in Abb. 5 für einen Strom mit gleichbleibendem Abfluß $q = 1$ m³/s auf 1,0 m Strombreite bei verschiedenen Tiefen t_o des schießenden Wasserstromes die Stützkräfte

$$W_o = \left(\frac{t_o^2}{2} + 2\,t_o\,k_o\right) b\,\gamma$$

berechnet und als Abszissen zu den Wassertiefen als Ordinaten aufgetragen. Aus der Verbindung dieser Punkte ergibt sich die Stützkraftlinie *1*, die in der theoretischen Grenztiefe $t_{gr} = 0,467$ m ihren Scheitelpunkt hat und daselbst eine lotrechte Tangente

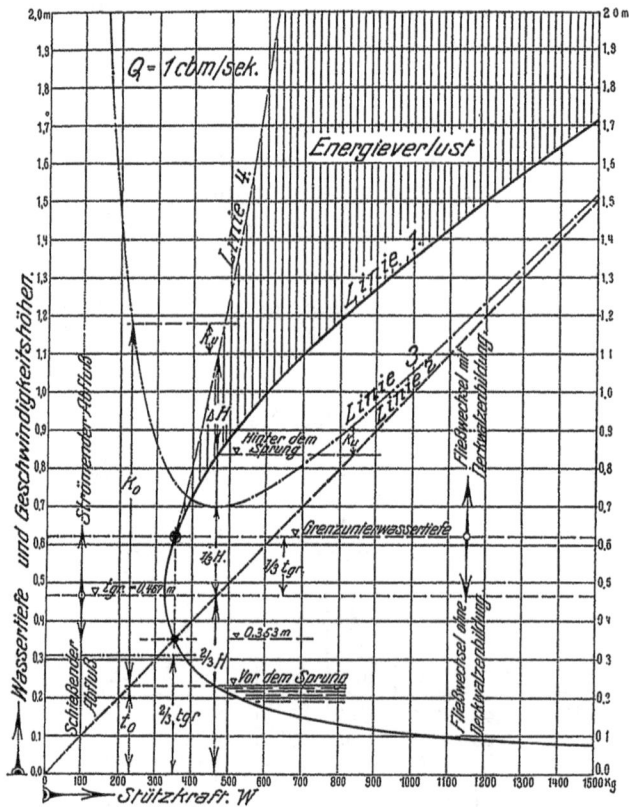

Abb. 5. Graphische Darstellung der Beziehung zwischen der Stützkraft $W = \gamma b \left(\frac{t^2}{2} + 2\,tk\right)$ und der Wassertiefe t bei gleichbleibender Abflußmenge von $Q = 1,0$ m³/s auf 1,0 m Breite.

besitzt. Da ein Wechselsprung nur zwischen zwei Wasserspiegellagen, für welche die Stützkräfte einander gleich sind, auftreten kann, läßt sich aus der Linie *1* die Sprunghöhe entnehmen. Diese entspricht der Entfernung zweier in der gleichen Lotrechten liegenden Punkte der Linie *1*. Für die Grenztiefe t_{gr} ist daher die Sprunghöhe gleich 0. Weiterhin geht aus Linie *1* hervor, daß nur in einem schießenden Wasserstrom ein Wechselsprung möglich ist.

Linie *2* gibt in Abb. 5 die Wassertiefen t an, dagegen Linie *3* die Wassertiefen vermehrt um die dazugehörigen Geschwindigkeitshöhen k. Die Ordinaten der Linie *3* stellen somit die Höhen $H = (t + k)$ der Energielinie über der Flußsohle dar.

Linie *1* gibt, außer im Scheitelpunkt, in einer Lotrechten stets zwei Wassertiefen an. Da zu jedem Wasserspiegel sich eine Energielinienhöhe berechnen läßt, sind im selben Schnitt auch zwei Energielinienhöhen vorhanden. Tragen wir die Differenz dieser Energielinienhöhen $\Delta H = (H_o - H_u)$ von der Linie 1 aus als Linie 4 auf, so entspricht der lotrechte Abstand (ΔH) der beiden Linien 1 und 4 dem im Wechselsprung auftretenden Energieverlust, der sich zu $Q\gamma\Delta H$ berechnet. Aus der Auftragung ist zu entnehmen, daß die Energieverluste bei Wechselsprüngen, die bis auf $4/_3$ der theoretischen Grenztiefe emporreichen,

$$t_u \lessgtr \frac{4}{3}\sqrt[3]{\frac{q^2}{g}} = t_{uw}$$

nur geringfügig sind und bei noch kleineren Unterwassertiefen bald nahe zu 0 werden. Dagegen wachsen die Werte ΔH bei größeren Unterwassertiefen sehr schnell erheblich an.

Bleibt der Wasserspiegel hinter dem Sprung unterhalb der Grenzlage t_{uw}, so ist ein Fließwechsel als reiner Wechselsprung möglich, bei welchem die von Belanger und Ritter gemachte Annahme, daß beim Sprung die Energie erhalten bleibt — abgesehen von den nur kleinen Energieverlusten — tatsächlich zutrifft.

Wenn die beobachtete Wassertiefe dabei meistens auch geringer ist als der berechnete Wert, so ist das — wie aus den nachfolgenden Untersuchungen hervorgeht — eine Folge der Wandreibung und steht mit der Theorie nicht im Widerspruch.

II. TEIL.

Versuche über die verschiedenen Arten des Wechselsprunges.

A. Beschreibung der Versuchsanlage.

Die in der vorliegenden Arbeit behandelten Versuche wurden in der in Abb. 6 dargestellten Versuchsanlage des Karlsruher Flußbaulaboratoriums ausgeführt. Diese ist in dem Wasserkreislauf des Laboratoriums, bestehend aus Tiefbehälter — Pumpen — Hochbehälter — Versuchsrinne, eingeschaltet (vgl. Th. Rehbock: Das Flußbaulaboratorium der Technischen Hochschule zu Karlsruhe, Einrichtungen und Versuche[1]).

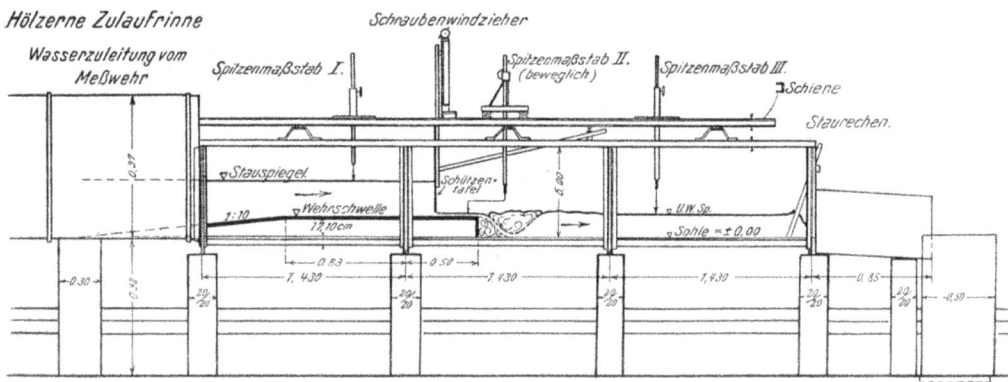

Abb. 6. Ansicht der 25 cm breiten Versuchsrinne mit eingebautem Schützenwehrmodell Versuchsanordnung II. Schußboden über Flußsohlenhöhe.

[1] Die Wasserbaulaboratorien Europas. VDI.-Verlag, G. m. b. H., Berlin 1926. S. 121.

Die Wasserzuleitung erfolgt vom Hochbehälter aus durch ein Rohr von 200 mm l. Dmr. zunächst in den Einlaufkasten[1]), aus diesem fällt das Wasser über das Meßwehr in ein Beruhigungsbecken und fließt dann durch Siebe, Rechen und Tauchwand beruhigt durch die hölzerne Zulaufrinne in die eigentliche Versuchsrinne mit Spiegelglaswänden. Das Meßwehr ist als scharfkantiges Rechteckwehr mit seitlicher Zusammenziehung des Strahles (Poncelet-Überfall) ausgebildet. Die Überfallmenge wird aus der Überfallhöhe, die im Pegelkasten an einem Hakenmaßstab gemessen wird, bestimmt.

Die hier benutzte Versuchseinrichtung (vgl. Lichtbild 3) bestand im wesentlichen aus einer 5 mm dicken Eisenblechplatte mit scharfer unterer Kante, die in die 25 cm breite Spiegelglasrinne rechtwinklig zu deren Längsachse als bewegliche Schütze eingebaut wurde. Die Bewegung dieser Platte erfolgte durch eine Aufziehvorrichtung mittels Schraubenspindeln, wobei zur genauen Einstellung und zur Ablesung der Größe der Schützenöffnungen die an beiden Seiten der Verbindungsstäbe befestigten Skalen verwendet wurden.

Zur Aufnahme der Wasserspiegellagen dienten die Spitzenmaßstäbe I, II und III, von denen I und III nur in der Richtung der Rinnenachse, II aber auch quer dazu verschiebbar war. Diese ruhten auf zwei am oberen Rahmen der Glaswände befestigten Laufschienen, die vor den Versuchen genau horizontal eingestellt wurden.

Ebenso war auch der aus Eisenblech bestehende und mit Mennige gestrichene Rinnenboden waagrecht.

Die Genauigkeit der Ablesungen betrug bei ruhigem Wasserspiegel 0,1 mm, dagegen bei stärker bewegter Wasseroberfläche 0,5—1 mm, weshalb im letzteren Fall stets 4—6 Messungen vorgenommen wurden, woraus alsdann ein Mittelwert gebildet wurde.

B. Ausführung der Versuche.

1. Versuchsanordnung I.

Bei den nachstehenden Versuchen war der in Abb. 6 eingezeichnete feste Wehrkörper nicht eingebaut. Die Schützentafel in Verbindung mit der Aufziehvorrichtung wurde einfach in die Spiegelglasrinne 70 cm vom Ende der hölzernen Zulaufrinne aufgestellt, wobei die vom Schütz stromabwärts liegende freie Rinnenlänge noch 3,6 m betrug. Durch die eingetauchte Schützentafel wurde nun oberhalb ein Stau, unterhalb des Schützes aber ein schießender Wasserstrom erzeugt. In einer gewissen Entfernung vom Schütz, die von der Rauhigkeit der Rinnenwandungen und von der Größe der Unterwassertiefe abhängig war, ging der Schußstrahl dann durch einen Wechselsprung zum strömenden Abfluß über (vgl. Tafel 1, Lichtbild 3).

2. Art und Lage des Wechselsprunges bei gleichbleibender Unterwassertiefe und verschiedenen Abflußmengen.

Die Tiefe des Unterwassers mit strömender Fließart, die sich bei den folgenden Versuchen (Versuchsreihe 1) auf Grund des freien Abflusses in der Rinne einstellte, betrug bei verschiedenen Abflußmengen, gemessen in der Mitte der strömenden Strecke, etwa 3,09 cm über Rinnenboden (vgl. Zahlentafel 2 und Abb. 7, Linie 1). Dies erklärt sich daraus, daß bei größeren Abflußmengen auch die Entfernung der

---

[1]) Eine ausführliche Beschreibung darüber findet man in der Arbeit von Aichel: Experimentelle Untersuchungen über den Abfluß des Wassers bei vollkommenen schiefen Überfallwehren. Forschungsheft Nr. 80 (1910).

Sprungstellen vom Schütz (Linie *1*) stetig zunimmt, folglich die strömende Abfluß-strecke immer kleiner wird, und die Hebung des Wasserspiegels am Ende der Rinne durch die Abnahme des Gefälles von der Meßstelle bis zum Rinnenende etwa ausge-glichen wird.

Bei der gewählten Anordnung der Versuchsanlage konnten die verschiedenen Arten des Fließwechsels beobachtet werden. Bei kleinen Wassermengen stellte sich ein Wechselsprung mit darüberliegender Deckwalze ein. Diese Deckwalze wanderte mit zunehmender Abflußmenge mit dem Wechselsprung allmählich flußabwärts. Sie wurde dabei immer kleiner und verschwand an einer Stelle plötzlich ganz. Dadurch entstand ein reiner Wechselsprung ohne Deckwalze. Die Grenzstelle zwischen den beiden Abflußarten ergibt sich aus den Beobachtungen der nachfolgenden Versuche.

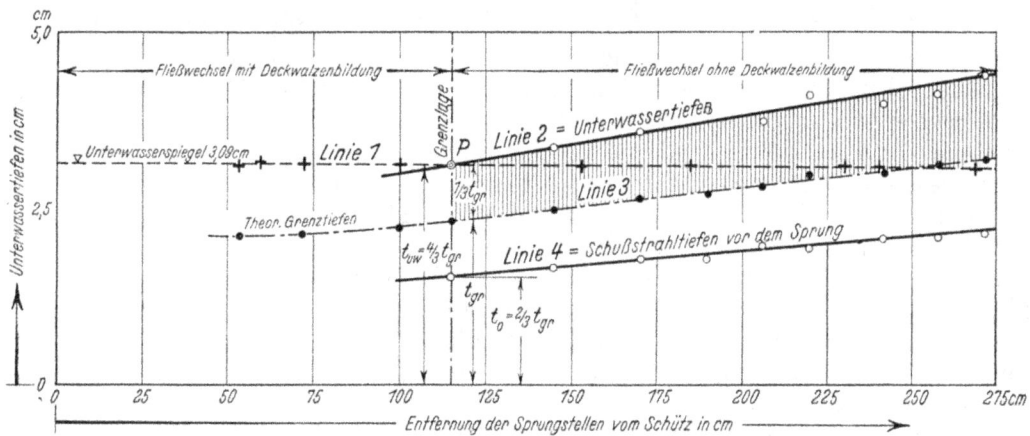

Abb. 7. Graphische Auftragung der Versuchsergebnisse zur Bestimmung der Grenzunterwassertiefe für den Fließ-wechsel als reiner Wechselsprung.

Bemerkenswert ist, daß bei kleinen Unterwassertiefen und größerer Entfernung der Sprungstelle vom Schütz, der Übergang in der Nähe der Glaswände ein ziemlich stetiger war. Nur in der Mitte der Rinne wurde eine sprunghafte Erhebung der Wasser-oberfläche mit steilem Gegengefälle sichtbar, an die sich kleine Wellen anschlossen. Diese Erscheinung ist hauptsächlich der Wand- und Oberflächenreibung zuzu-schreiben.

Zahlentafel 2.

Abflußmenge Q l/s	Stauspiegel-höhe t_s cm	Unterwasser-tiefe t_u cm	Entfernung der Sprungstelle vom Schütz cm	Abflußmenge Q l/s	Stauspiegel-höhe t_s cm	Entfernung der Sprungstelle vom Schütz cm
2,30	5,3	3,06	60	3,02	8,55	145
2,37	5,6	3,11	72	3,27	9,85	170
2,51	6,3	3,09	100	3,43	10,85	190
2,94	8,1	3,08	153	3,63	12,00	206
3,08	8,8	3,09	185	3,90	13,80	220
3,34	10,2	3,10	230	4,06	14,85	242
3,44	10,9	3,10	240	4,24	16,15	258
3,56	11,3	3,08	267	4,45	17,90	272

Versuchsreihe 1.	Versuchsreihe 2
Unterwasser hinter dem Sprung ungestaut. Schützenöffnung bei Versuchsreihe 1 und 2 jeweils 1,5 cm.	Unterwasserspiegel am Rinnenende an die Grenzlage t_{ur} aufgestaut, bei welcher der Fließwechsel noch ohne Bildung einer Deckwalze erfolgt.

Zahlentafel 2 (Fortsetzung).

t_{gr} cm	$^2/_3\,t_{gr}$ cm	Schußstrahl-tiefe gemessen t_o cm	Grenzunter-wassertiefe gemessen t_{uw} cm	$^4/_3\,t_{gr}$ cm	$t_{uw} - {}^4/_3\,t_{gr}$ $= \varDelta\,t_{uw}$ cm	$^0/_0$
2,46	1,64	1,63	3,34	3,28	+ 0,05	+ 1,50
2,60	1,73	1,78	3,50	3,46	+ 0,04	+ 1,14
2,68	1,79	1,74	3,80	3,57	+ 0,23	+ 6,05
2,78	1,85	1,93	3,70	3,72	— 0,02	— 0,54
2,92	1,94	1,90	4,03	3,88	+ 0,15	+ 3,73
3,00	2,00	1,98	3,95	4,00	— 0,05	— 1,26
3,09	2,06	2,09	4,09	4,14	— 0,05	— 1,22
3,19	2,13	2,10	4,40	4,28	+ 0,12	+ 2,72

3. Ermittlung der Grenztiefe des Fließwechsels ohne Deckwalzenbildung.

Die Versuchsanordnung I wurde für die nachstehenden Versuche (Versuchsreihe 2) ungeändert beibehalten. Durch Einbringen von Staustäben am Ende der Versuchs-rinne war es möglich, den Unterwasserspiegel bei verschiedenen Abflußmengen stets auf jene Höhe zu stauen, bei welcher der Fließwechsel gerade noch ohne Bildung einer Deckwalze erfolgte. Diese Unterwasserspiegellagen (siehe Zahlentafel 2) er-geben daher die Grenztiefen (t_{uw}) zwischen den beiden Arten des Wechselsprunges. Die Beobachtungswerte sind in Abb. 7 bei der jeweiligen Entfernung der Sprung-stellen vom Schütz durch die Linie 2 dargestellt. Trägt man nun für die einzelnen Abflußmengen gleichzeitig ihre theoretischen Grenztiefen t_{gr} auf (Linie 3), so ist deut-lich zu sehen, daß der lotrechte Abstand der Linie 2 von der Linie 3 ziemlich genau dem Wert $^1/_3\,t_{gr}$ entspricht. Die Abweichung der Meßwerte t_{uw} von den Werten $^4/_3\,t_{gr}$ beträgt nach der Zahlentafel 2 nur $\pm\,2,0\,^0/_0$. Die Versuche bestätigen demnach die Richtigkeit der auf Grund der graphischen Auftragung in Abb. 5 aufgestellten Be-hauptungen, daß die Grenzunterwassertiefe t_{uw} für den Wechselsprung ohne Deck-walze gleich $^4/_3\,t_{gr}$ ist, da in diesem Falle der auftretende Energieverlust nur un-bedeutend ist.

Die Grenzsprungstelle des Fließwechsels ohne und mit Deckwalzenbildung kann somit für die Versuche mit gleichbleibender Unterwassertiefe (Versuchsreihe 1) aus dem Schnittpunkt P der Linie 1 mit Linie 2 ermittelt werden, da nur von dieser Stelle ab die Bedingung $t_{uw} = {}^4/_3\,t_{gr}$ erfüllt ist. Die Beobachtungen stimmen mit nur gering-fügigen Abweichungen damit überein.

Bei Betrachtung der Wassertiefen t_o im schießenden Wasserstrom vor dem Sprung, die durch Linie 4 dargestellt sind, zeigt sich auffallend, daß diese durchweg annähernd die Größe $^2/_3\,t_{gr}$ besitzen und daher etwa halb so groß sind wie die Grenzunterwasser-tiefen t_{uw} nach Linie 2. Eine Berechnung der Unterwassertiefe für die Schießtiefe $t_o = {}^2/_3\,t_{gr}$ gibt jedenfalls einen größeren Wert, als der durch die Versuche gefundene von $t_{uw} = {}^4/_3\,t_{gr}$. Die Differenz ergibt sich aus dem Beispiel Abb. 5 zu 0,045 m, wo-mit die Abweichung 7,2 $^0/_0$ beträgt.

Die Ursache dieser Abweichung ist hauptsächlich in den Wandreibungen zu suchen, auf deren Einfluß schon vorher hingewiesen wurde. Die Geschwindigkeitsverteilung in einem Stromquerschnitt zeigt dies übrigens ganz deutlich, sowohl bei strömendem, als auch bei schießendem Abfluß. Die Geschwindigkeiten nehmen nach den Wan-dungen hin ab. Der Fließwechsel wird daher zuerst in den Randfäden erfolgen, da hier mit der Geschwindigkeit auch die Stoßkraft kleiner ist. Es tritt also an den Seiten eine Hebung des Wasserspiegels ein und zwingt dann den Wasserstrom auch in der Strommitte zum Sprung. Diese mittlere Stromschicht wird nun bis auf jene

Höhe emporschnellen, die seiner Stoßkraft entspricht. Sie steigt dabei höher an, als der Unterwasserspiegel in den seitlichen Teilen des Stromes steht. Der Strahl fällt daher wieder herunter, wodurch seine kinetische Energie erneut zunimmt und die Geschwindigkeit in dem unmittelbar folgenden Wellental oft kaum kleiner ist als vor dem Sprung. Seitlich strömt aber das Wasser weiter und veranlaßt dadurch den mittleren Stromteil erneut zu einem Sprung. Die so sich bildenden stehenden oder Reaktionswellen, wie diese Erscheinung auch bezeichnet wird, pflanzen sich oft auf eine bedeutende Stromlänge fort, solange in ihnen die noch unverbrauchte kinetische Energie des mittleren Stromteiles nicht völlig vernichtet ist. Betrachtet man den langen Weg, der dazu nötig ist, so ist dabei der Reibungsverlust im Wasser nur als klein zu bewerten.

Aus den Beobachtungen ergibt sich übrigens eine weitere wichtige Feststellung, daß selbst der reine Wechselsprung kein ganz walzenfreier, sondern nur ein **offener oder freier Sprung ist, den keinerlei Deckwalze überlagert.** Es be-

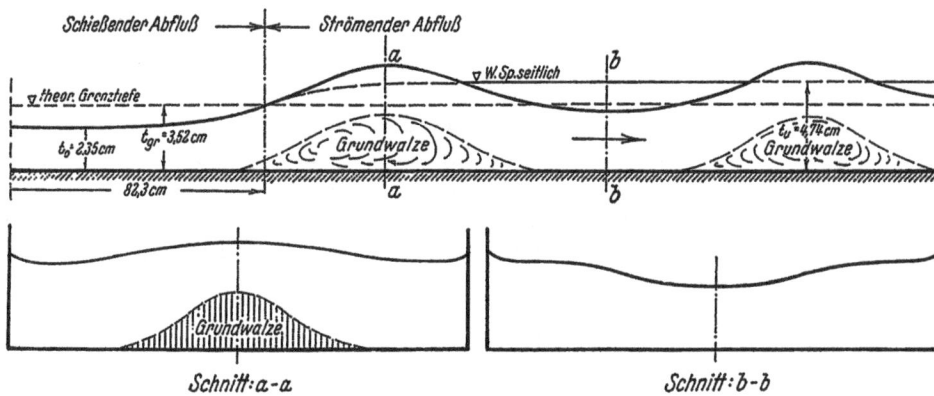

Abb. 8. Wasserspiegelaufnahme eines Wechselsprunges ohne Deckwalze.

findet sich unter den einzelnen Sprungwellen im mittleren Stromteil über der Sohle fast immer eine kleine Grundwalze (vgl. Abb. 8), die eine dem Strom entgegengesetzte Grundströmung aufweist. Die Größe dieser Wasserwalze wurde durch Einbringen von Farbstoff mittels eines Glasrohres (Lichtbild 1) festgestellt.

Die Querschnittsfläche der Grundwalze ist bei der Grenzwasserspiegellage am größten und wird sowohl bei zu- wie abnehmender Unterwassertiefe immer kleiner. Ist der Schußstrahl gänzlich von einer Deckwalze überlagert, so wird die Grundwalze vollständig verdrängt. Gleichzeitig mit der Grundwalze stellen sich als Folge des ungleichmäßigen Sprunges häufig auch kleine Seitenwalzen ein, die eine Drehbewegung um eine lotrechte Achse haben. Die Ausdehnung dieser Walzengebilde ist hauptsächlich von der Tiefe t_o und der Sprunghöhe $p = t_u - t_o$ nicht minder aber von der Breite b des Kanals abhängig. Diese Faktoren wirken auf die Wandreibungen im wesentlichen ein. Sie rufen die Schwankungen in der Grenzwasserspiegellage unmittelbar hervor Der Einfluß der Wandreibungen kommt in dem Maße zur Geltung, als die Sprung·stelle vom Schütz stromabwärts wandert. Dies geht auch aus den Zahlenwerten der Zahlentafel 3 hervor. Diese enthält für die Abflußmenge $Q = 5,16$ l/s bei den ver schiedenen Schützöffnungen die jeweilige Entfernung der Sprungstellen vom Schütz wie auch die gemessenen Ober- bzw. Unterwassertiefen t_o bzw. t_u. Letztere wurden dann aus t_0 berechnet und mit den beobachteten Werten von t_u verglichen. Die %·Abweichung ist durch Abb. 9 auch graphisch dargestellt.

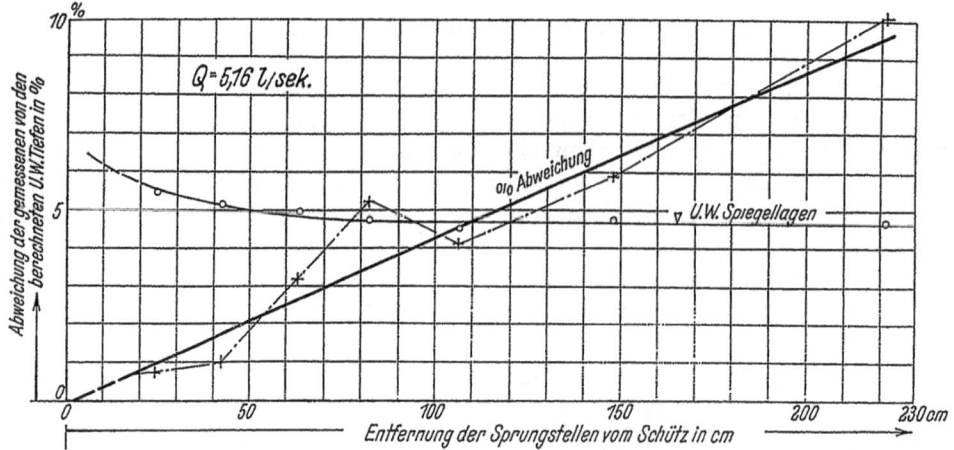

Abb. 9. Graphische Auftragung der %-Abweichung der Meßwerte von den Beobachtungswerten bei verschiedener Entfernung der Sprungstellen vom Schütz. (Einfluß der Wandreibungen auf die Sprunghöhe.)

Werden die Verluste in den seitlichen Stromschichten durch die Wandreibungen berücksichtigt, so ergibt sich der Grenzwert der Unterwassertiefe beim reinen Wechselsprung zu $t_{uw} = {}^4/_3 \, t_{gr} \, \varphi$. Der Wert φ kann für die vorliegenden Untersuchungen gleich 1,0 angenommen, d. h. vernachlässigt werden. Einen größeren Wert als 1 wird φ nur selten und nur um ein ganz geringes Maß annehmen. Für den Fall, daß die Grenz-unterwassertiefe t_{uw} gleich t_{gr} werden sollte, müßte $\varphi = {}^3/_4$ sein. Dies wäre der Kleinstwert für φ, der wohl niemals erreicht wird.

Zahlentafel 3.

Ent-fernung der Spr.-stelle vom Schütz cm	Schuß-strahl-tiefe t_o cm	Ge-schwindig-keit $v = \dfrac{Q}{F}$ cm/s	$k_o = \dfrac{V_o{}^2}{2\,g}$ cm	Unterwassertiefe		$t_u - t_u'$ $= \varDelta t$ cm	$^0/_0$	Bemerkung
				gemessen t_u cm	berechnet t_u' cm			
				Abflußmenge: 5,16 l/s				
24	2,02	102,5	5,35	5,46	5,50	— 0,04	— 0,7	Deckwalze über die ganze Rinnenbreite
42	2,23	92,6	4,38	5,16	5,21	— 0,05	— 0,9	Deckwalze über ¹/₃ der Rinnenbreite
63	2,30	89,9	4,12	4,95	5,11	— 0,16	— 3,2	Deckwalze über ¹/₂ der Rinnenbreite
82	2,35	88,0	3,95	4,74	5,01	— 0,25	— 5,2	Wechselsprung ohne Deckwalze
106	2,52	82,0	3,43	4,55	4,74	— 0,19	— 4,1	Wechselsprung ohne Deckwalze
148	2,35	88,0	3,95	4,73	5,01	— 0,28	— 5,9	Seitlich kleine Deck-walze
221	2,29	90,0	4,14	4,65	5,12	— 0,47	— 10,1	Seitlich kleine Deck-walze

4. Versuche über den Wechselsprung mit freier Deckwalze.

Betrachtet man $t_{uw} = {}^4/_3 \, t_{gr}$ als oberste Grenze der Unterwasserspiegellage beim reinen Wechselsprung, so bildet sich bei einer Unterwassertiefe, die höher als dieser Grenzwert ist, über dem Sprung eine Wasserwalze. Das Ausmaß der Wasserwalze ist natürlich von der Größe der Wasserspiegeldifferenz $t_u - t_{uv}$ abhängig. Im Gegensatz zu dem reinen Wechselsprung soll diese Art des Fließwechsels als Wechselsprung mit freier Deckwalze bezeichnet werden.

Die Regulierung der Unterwassertiefen erfolgte bei den Versuchen über solche Wechselsprünge wiederum mittels Staustäben, wobei auch die Versuchsanordnung dieselbe blieb.

Die Bildung der Deckwalze beginnt wohl zuerst in der Strommitte, wird aber durch den an den Seitenwandungen sich früher vollziehenden Fließwechsel hervorgerufen. Dadurch, daß der Wasserspiegel im schießenden Wasserstrom seitlich etwas höher liegt, werden die Stromfäden beim Sprung mehr in die Mitte gedrängt. Hierbei werden auch diejenigen Wasserteilchen mitgerissen, die seitlich die Höhe des Unterwasserspiegels nicht mehr erreichen können. Diese fließen dann beim Zusammentreffen mit den von der Gegenseite kommenden Wasserteilchen von der Sprungwelle stromaufwärts herunter und reißen dabei auch noch andere Wasserteilchen an der Oberfläche mit sich. So bildet sich eine Deckwalze. Aus dem Gesagten ist zu sehen, daß bei größeren Wandrauhigkeiten oder bei bedeutender Entfernung der Sprungstellen vom Schütz die Deckwalzenbildung sich vom Ufer des Wasserlaufes her vollziehen wird. In Lichtbild 2 ist z. B. seitlich eine ganz kleine Deckwalze zu sehen, obwohl der Unterwasserspiegel die Grenzlage noch nicht erreicht hatte.

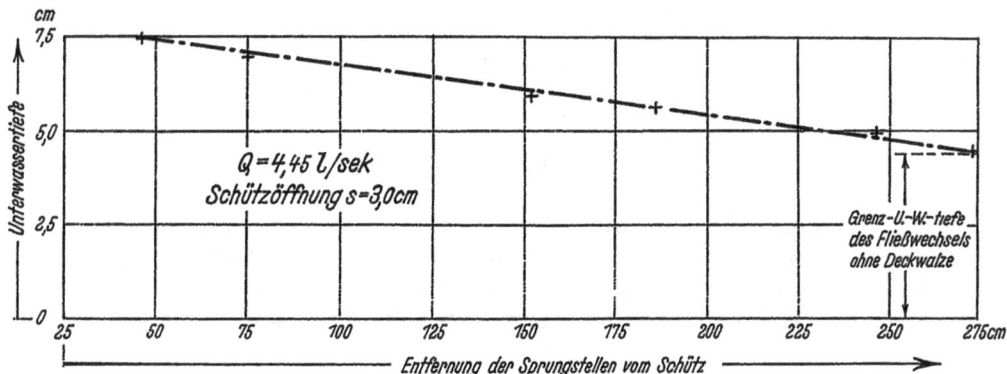

Abb. 10. Graphische Darstellung der Beziehung zwischen der Unterwassertiefe und der Entfernung der Sprungstellen vom Schutz auf Grund von Versuchsbeobachtungen.

Mit steigender Unterwassertiefe wandert der Sprung stromaufwärts und wird dabei von der an Querschnittsfläche zunehmenden Deckwalze schließlich völlig bedeckt (vgl. Lichtbild 3). Dieser Vorgang wurde unter den angeführten Versuchen bei der Abflußmenge von 4,45 l/s näher verfolgt. Bei dieser Abflußmenge war mit einer Tiefe $t_o = 2,21$ des schießenden Stromes und der Unterwassertiefe von $t_u = 4,41$ cm die Grenzlage für den Fließwechsel ohne Deckenwalzenbildung bereits erreicht. Die Entfernung der Sprungstelle vom Schütz stromabwärts betrug 272 cm. Das Versuchsergebnis ist in Abb. 10 durch die eingezeichnete Gerade graphisch dargestellt und zeigt, daß die Entfernung der Sprungstellen vom Schütz sich mit der Unterwassertiefe proportional ändert.

Bei der Entfernung der Sprungstelle vom Schütz von 36 cm war bei $Q = 4,45$ l/s das obere Ende der Deckwalze bereits in der Nähe der Schützentafel angelangt. Messen wir nun für dieselbe Deckwalzenlage bei verschiedenen Abflußmengen die jeweiligen Unterwassertiefen, so ergeben diese die Grenztiefe t_u für den Fließwechsel mit freier Deckwalze, da bei einer Unterwassertiefe, die diesen Wert übersteigt, die Deckwalze nicht mehr frei aufliegen, sondern vom Schütz aufgehalten und gestaut würde. Die Meßergebnisse sind in der Zahlentafel 1 angegeben. Dieselben sind in Abb. 11 auch graphisch aufgetragen und mit den berechneten Werten verglichen (s. Linie *1* und *2*). Die jeweils beobachteten Deckwalzenbreiten sind durch die Linie *3* dargestellt.

Diese Breiten bzw. die Längen der Energieumbildungsstrecke im voraus zu berechnen, wäre für den Wehrbau von besonderer Bedeutung, weil dadurch ein Hilfsmittel für eine vorherige Bestimmung der Sturzbodenbreite gegeben wäre. Damit soll

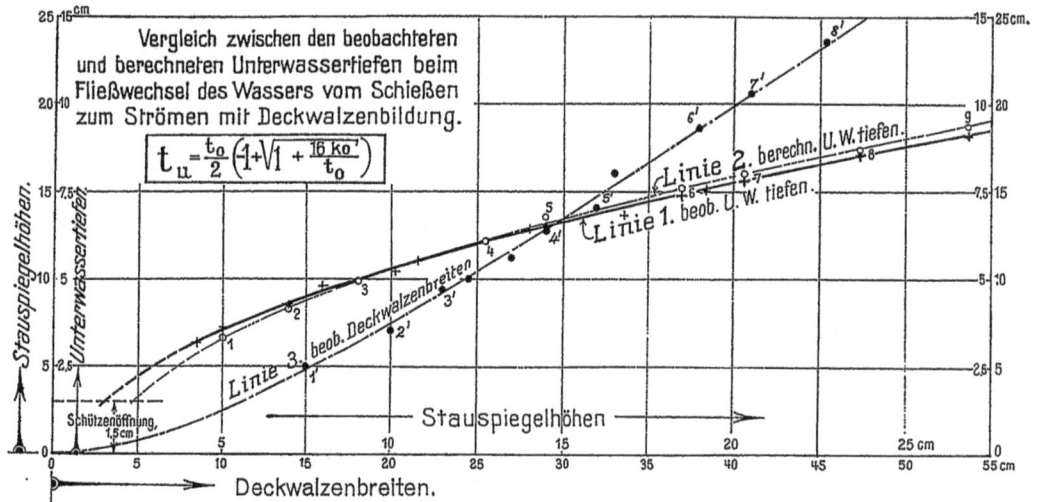

Abb. 11.

allerdings nicht gesagt sein, daß diese Breite der Deckwalzenbreite entsprechen muß. Nach den Versuchserfahrungen kann in besonderen Fällen, ohne Beeinträchtigung der Standsicherheit des Wehres, die Breite des Schußbodens bedeutend kleiner gewählt werden[1]). Bei den Kolkversuchen wird davon noch die Rede sein.

5. Der Wechselsprung mit gestauter Deckwalze.

Staut man das Unterwasser weiter über die bei den vorhergehenden Versuchen gefundenen Tiefen von t_{uf} (Zahlentafel 1 Abb. 11, Linie *1*), so kann die Deckwalze wegen der Schützentafel nicht mehr frei aufwärts wandern. Sie lehnt sich an das Schütz an und wird durch dieses gestaut (vgl. Abb. 12). Der Fließwechsel soll daher Wechsel-

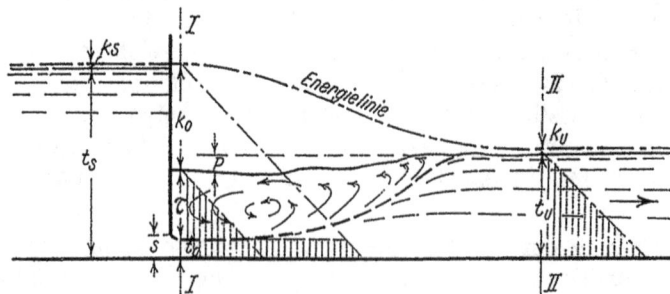

Abb. 12. Abfluß des Wassers an einem Schütz unter Bildung eines gestauten Wechselsprunges.

---

[1]) S. Th. Rehbock: Die Verhütung schädlicher Kolke bei Sturzbetten. Der Bauingenieur 1928, Heft 4 u. 5. Schweizerische Wasserwirtschaft 1928, Heft 3 u. 4.

sprung mit gestauter Deckwalze oder einfach »gestauter« Wechselsprung genannt werden.

Der Unterschied zwischen dem Wechselsprung mit freier und dem mit gestauter Deckwalze ist ein bedeutender. Im Wechselsprung mit freier Deckwalze ist die Deckwalze eine wild bewegte Wirbelmasse, die von Luftbläschen dicht durchsetzt ist. Sie hat ein viel geringeres spez. Gewicht $\gamma' = \dfrac{1}{1+\lambda} < \gamma$ ($\lambda =$ Luftmenge) als stehendes Wasser. Ihre Wassermasse rotiert entgegengesetzt zu der Fließrichtung, jedoch niemals um eine einzige klar erkennbare Achse. Beim gestauten Wassersprung sind dagegen die Wirbelfäden, die sich von der Grenzschicht loslösen, deutlicher zu erkennen. Ihre Bewegung ist zuerst eine spiralförmige, dann aber werden sie von der Hauptströmung der Walze ergriffen und rotieren, besonders bei hohem Stau oder bei großem Walzenquerschnitt, mit der vom Sprung rückwärts flutenden Wassermasse in gestreckten Bahnen um eine deutlich erkennbare Achse. Die in gestauter Deckwalze enthaltene Luftmenge ist meistens geringer als bei frei aufliegender Walze.

Die Versuchsergebnisse über diese Art des Fließwechsels sind in Abb. 13 graphisch aufgetragen. Die Versuchsordnung blieb dieselbe wie bei den früheren Versuchen.

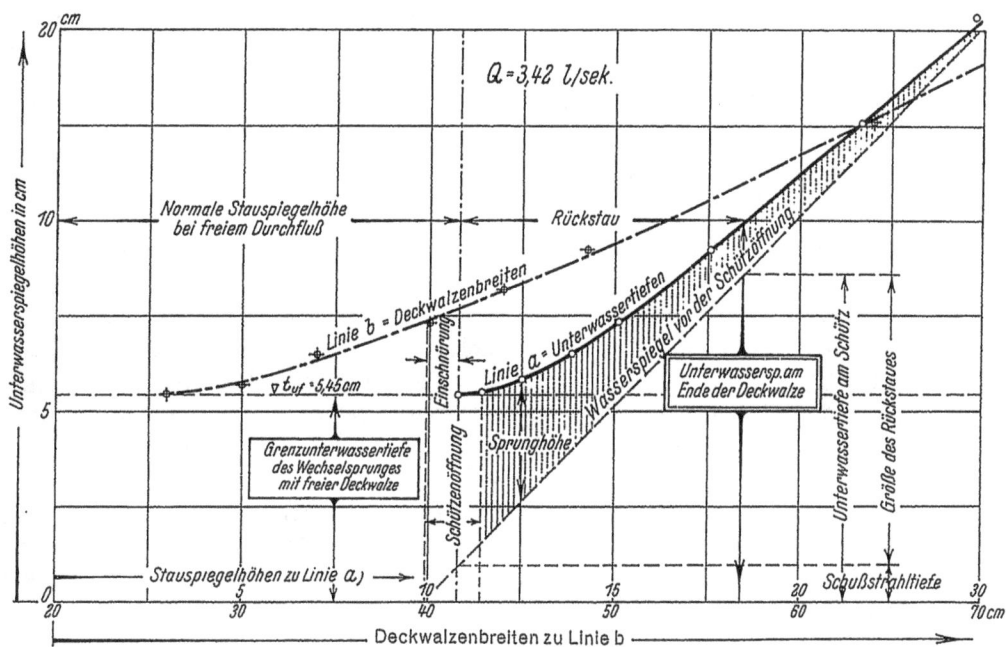

Abb. 13. Graphische Auftragung der Versuchsergebnisse über den Wechselsprung mit gestauter Deckwalze.

Bei einer Abflußmenge von 3,42 l/s, welche die 0,25 m breite Rinne durchfloß, ergab sich die Grenzsprunghöhe für den Wechselsprung mit freier Deckwalze zu 5,45 cm. Bei dieser Unterwassertiefe war das obere Walzenende noch nicht ganz an die Schützentafel herangerückt. Staute man das Unterwasser nun weiter auf, so nahm die Wassertiefe vor der Schützenöffnung ebenfalls zu. Dadurch hob sich aber auch der Stauspiegel hinter der Schütze. Der Stauspiegel, der bis jetzt vom Unterwasserspiegel unbeeinflußt war, stieg um dasselbe Maß, um das die Wassertiefe unmittelbar vor der Schütze zunahm. Der Rückstau (vgl. Linie a) machte sich anfangs, als die Deckwalze das Schütz erreichte, stark bemerkbar, da auch der Wasserspiegel der gestauten Deckwalze vor dem Schütz anfangs rasch anstieg. Mit abnehmender Sprunghöhe wurde auch der Rückstau allmählich geringer und schmiegte sich dem Maß der Hebung des Unterwasserspiegels an.

Die Breite der Deckwalze betrug bei Bildung eines Wechselsprunges mit freier Deckwalze bei den Versuchen anfangs 26,0 cm. Linie b gibt das Wachsen der Deckwalzenbreite mit zunehmender Unterwassertiefe an. Dieses Anwachsen der Größe der Deckwalze findet statt, obschon die zu vernichtende Energiemenge etwa die gleiche bleibt. Bei einem Überfallwehr tritt das noch deutlicher hervor. Hier kann kein nennenswerter Rückstau eintreten, solange der Überfallstrahl von einer Deckwalze überlagert ist und der Unterwasserspiegel unterhalb der Wehrkrone steht. Die Energielinie oberhalb des Wehres behält also ihre ursprüngliche Lage bei, wogegen diejenige des Unterwassers mit steigendem Unterwasserspiegel gleichfalls eine höhere Lage einnimmt. Die zu vernichtende Energie wird also kleiner und dennoch nimmt die Deckwalze an Breite und Querschnittfläche erheblich zu.

Aus dem Gesagten würde nun folgen, daß die Größe des Deckwalzenvolumens nicht von der Größe des dem Wasser zu entziehenden mechanischen Energie abhängig ist.

Wir sehen nun, daß nach der graphischen Auftragung in Abb. 13 der Stauspiegel sich stets um dasselbe Maß hebt, um das der Wasserspiegel vor dem Schütz zunimmt, die Sprunghöhe p dagegen mit steigender Unterwassertiefe immer kleiner wird. Für den Grenzfall also, daß die Sprunghöhe $p = 0$ wird, kann auf Grund des Stützkraftsatzes für die Querschnitte I und II in Abb. 12 geschrieben werden:

$$W_I = \frac{(t_o + \tau)^2}{2} + 2 t_o k_o = W_{II} = \frac{t_u^2}{2} + 2 t_u k_u \quad \ldots \ldots \quad (9)$$

Weil aber bei $p = 0$, $(t_o + \tau) = t_u$ ist, so müßte auch $2 t_o k_o = 2 t_u k_u$ sein.

Nach den Beobachtungen bleibt $2 t_o k_o$, weil k_o konstant ist, ziemlich gleich, dagegen aber wird $2 t_u k_u$ um so geringer, je mehr t_u zunimmt. Ein Gleichgewichtszustand ist also anders nicht möglich, als daß wir annehmen, daß bei dieser Art des Abflusses die Stoßkraft $2 t_o k_o$ auf der ziemlich langen Strecke der Deckwalzenbreite im wesentlichen durch den Reibungswiderstand verzehrt wird, wogegen beim freien Wechselsprung der Energieverlust nach Koch als Stoßverlust zu betrachten ist.

Je größer also die Energie ist, die durch Reibungsarbeit verbraucht werden muß, um so größer wird auch der Weg sein, auf dem diese Arbeit zu leisten ist, d. h. um so mehr wird auch die Deckwalze an Breite zunehmen. Das Anwachsen des Deckwalzenquerschnittes trotz abnehmender Sprunghöhe wäre anders kaum zu klären.

Gleichung (9) gilt daher für den gestauten Wechselsprung nur dann, wenn wir darin auch den Reibungswiderstand berücksichtigen. Damit wird:

$$\frac{(t_o + \tau)^2}{2} + 2 t_o k_o - R = \frac{t_u^2}{2} + 2 t_u k_u \quad \ldots \ldots \ldots \quad (10)$$

Daraus ergibt sich nach den bekannten Umänderungen (vgl. S. 4) für t_u die Gleichung dritten Grades:

$$t_u^3 - t_u [(t_o + \tau)^2 + 4 t_o k_o - R] + 4 t_o^2 k_o = 0 \quad \ldots \ldots \quad (11)$$

Daraus wird t_u durch Proberechnung bestimmt.

Der Reibungswiderstand setzt sich zusammen aus Sohlen- und Wandreibung und aus der Verzögerung an der Grenzschicht zwischen dem Schußstrahl und der Deckwalze. Beim ungestauten Wechselsprung ist $\tau = 0$ und, wie das die Zahlenbeispiele (Zahlentafel 1) zeigen, auch $R = 0$ oder aber nur ganz geringfügig.

Wie groß bei gestautem Wechselsprung der Anteil der Reibungsarbeit an der Energievernichtung ist, sehen wir dann, wenn wir die Unterwassertiefe t_u nach Gleichung (11) berechnen, wobei zunächst $R = 0$ gesetzt wird. Die Abweichung der Rechnungswerte der Unterwassertiefen gegenüber denjenigen der Beobachtungen wird um so größer, je kleiner die Sprunghöhe p ist, woraus folgt, daß auch R mit abnehmender Sprunghöhe an Größe und Bedeutung zunimmt.

III. TEIL.

Untersuchungen über den Abflußwechsel bei Sohlenabstürzen.

A. Allgemeines über die Abflußweise des Wassers bei Sohlenabstürzen.

Bei den vorhergehenden Untersuchungen wurde angenommen, daß beim Abfluß des Wassers an Wehren die Wehrschwelle bzw. der Schußboden auf gleicher Höhe mit der Flußsohle liegt. Es zeigten sich hierbei folgende Abflußarten:

1. Der reine Wechselsprung ohne Deckwalze, wenn

$$t_{gr} < t_u < {}^4\!/_3\, t_{gr}.$$

2. Der Wassersprung mit freier Deckwalze, wenn

$${}^4\!/_3\, t_{gr} < t_u < t_{uf}.$$

3. Der Wechselsprung mit gestauter Deckwalze, wenn

$$t_u > t_{uf}.$$

Die Bedeutung der Bezeichnungen und die Berechnungsweise der jeweiligen Wasserspiegellage ist aus dem Vorhergehenden schon bekannt.

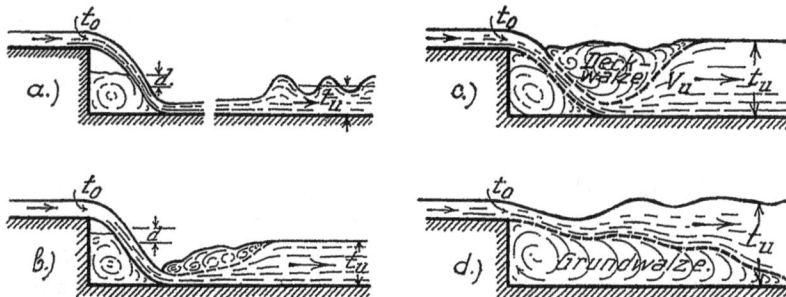

Abb. 14. Abflußarten des Fließwechsels vom Schießen zum Strömen bei Sohlenabstürzen.

Bei Sohlenabstürzen und ganz ähnlich bei überfluteten Wehren mit anschließendem waagrechtem Sturzbett vollzieht sich der Abfluß, solange der Unterwasserspiegel die Schwellenhöhe bzw. die Wehrkronenhöhe nicht übersteigt, gleichfalls in einer der vorher unter 1, 2 und 3 angedeuteten Weise (Abb. 14, a—b—c). Liegt jedoch der Unterwasserspiegel höher als die Sohle des Absturzes bzw. die Wehrkrone, so wird bei einer bestimmten Tiefe t_u des Unterwassers der Schußstrahl sich plötzlich auf die Oberfläche heben. Es stellt sich der »gewellte Strahl« (Abb. 14d), der obere Abfluß ein. Senken wir den Unterwasserspiegel allmählich ab, so treten die erwähnten Abflußerscheinungen in umgekehrter Reihenfolge auf. Die Unterwassertiefe t_{u_2}, bei welcher der Strahl von der Oberfläche verschwindet und untertaucht (Abb. 14 c), der »getauchte Strahl« entsteht, ist meistens kleiner als die Tiefe t_{u_1}, bei der sich der gewellte Strahl bildet. Innerhalb dieser beiden Grenztiefen besteht somit ein labiler Zustand, bei welchem beide der besprochenen Fließarten auftreten können. Dies macht sich im Strahlbild, besonders wenn der Unterwasserspiegel sich nahe an der Grenze der kritischen Lage befindet, durch periodische Schwankungen bemerkbar.

Bei Sohlenabstürzen bemerken wir außer den bei Wechselsprüngen bekannten Abflußerscheinungen noch eine Grundwalze, die sich unter dem Schußstrahl zwischen Absturzwand und Flußsohle bildet. Bei kleinen Unterwassertiefen (Abb. 14 a—b) füllt sie nur einen Teil des vom Überfallstrahl eingeschlossenen Raumes aus, im übrigen Teil befindet sich, infolge der Saugwirkung des Strahles, verdünnte Luft und Wasserdampf. Infolge des ständigen Fortreißens von Luft durch das Wasser ist die Spannung der Luft in diesem Raum unter dem Strahl kleiner als der Druck der Außenluft, es entsteht Unterdruck. Die Größe dieses Unterdruckes ist gleich dem Druck $d\,\gamma'$ einer Wassersäule von der Höhe d, worin d das Maß ist, um das der Wasserspiegel unter dem Überfallstrahl über denjenigen bei gelüftetem Strahl ansteigt. Das spez. Gewicht γ' der mit Luftbläschen durchsetzten Grundwalze ist kleiner als γ des stehenden Wassers. Bei zunehmender Unterwassertiefe wird auch die Querschnittsfläche der Grundwalze größer. Sie erreicht unmittelbar vor und nach dem Abflußwechsel vom getauchten in gewellten Strahl gewisse Grenzwerte. Der Unterdruck in der Grundwalze ändert sich dabei im umgekehrten Sinne und wird noch vor dem Wechsel des Strahlbildes gleich 0, um dann in Überdruck überzugehen.

Die Bahn, die der Überfallstrahl beschreibt, ist von der Größe des Druckes D unter dem Strahl abhängig. Der Strahl wird bei Unterdruck gegen die Absturzwand, bei Überdruck von ihr abgelenkt, woraus folgt, daß die Zusatzspannung im Strahl

$$\pm z = \frac{2\,k_o}{\varrho}\,t_o$$

in gleicher Weise von D bestimmt wird, da bei gleichbleibender Lage der Energielinie auf z lediglich der Krümmungsradius Einfluß hat. Bei $D \geq (h + t_o)\,\gamma$ wird auch die Zusatzspannung $z \geq 0$ und damit der Überfallstrahl eine gerade oder aufwärts gekrümmte Bahn beschreiben. Hier bedeutet h die Absturzhöhe.

Daraus erklärt sich die Behauptung Sabaneyefs:

»Ist der Druck größer als die Tiefe unter der freien Wasseroberfläche, so wendet sich der Strahl nach oben, ist er kleiner, so wird der Strahl nach abwärts gezogen.« Mit anderen Worten, es gibt einen oberen oder unteren Abfluß. Dieser Satz entspricht in seiner allgemeinen Formulierung vollständig den Beobachtungen, da bei einem Druck, der größer ist als die Wassertiefe $(h + t_o)$ nur ein oberer Abfluß des Strahles möglich ist. Dies aber gleichsam als eine Bedingung hinzustellen, würde in den meisten Fällen für die kritische Wassertiefe t_{u_1}, bei welcher der obere Abfluß (gewellter Strahl) eintritt, ganz falsche Werte ergeben, denn wie es aus den folgenden Untersuchungen hervorgeht, kann es auch bei $D < (h + t_o)\,\gamma$ zum oberen Abfluß kommen.

Aus den auf Abb. 15 und 16 dargestellten Abflußbildern ist die Änderung der Zusatzspannung an den in den Lotrechten der einzelnen Querschnitte aufgenommenen Druckprofilen für die kritischen Wasserstände t_{u_1} und t_{u_2}, bei denen der Abflußwechsel eintritt, deutlich zu sehen. Zur Aufnahme diente ein L-förmig gebogenes Glasrohr von 5 mm l. Durchm., an dessen unterem Ende sich seitlich, etwa 3 cm von der

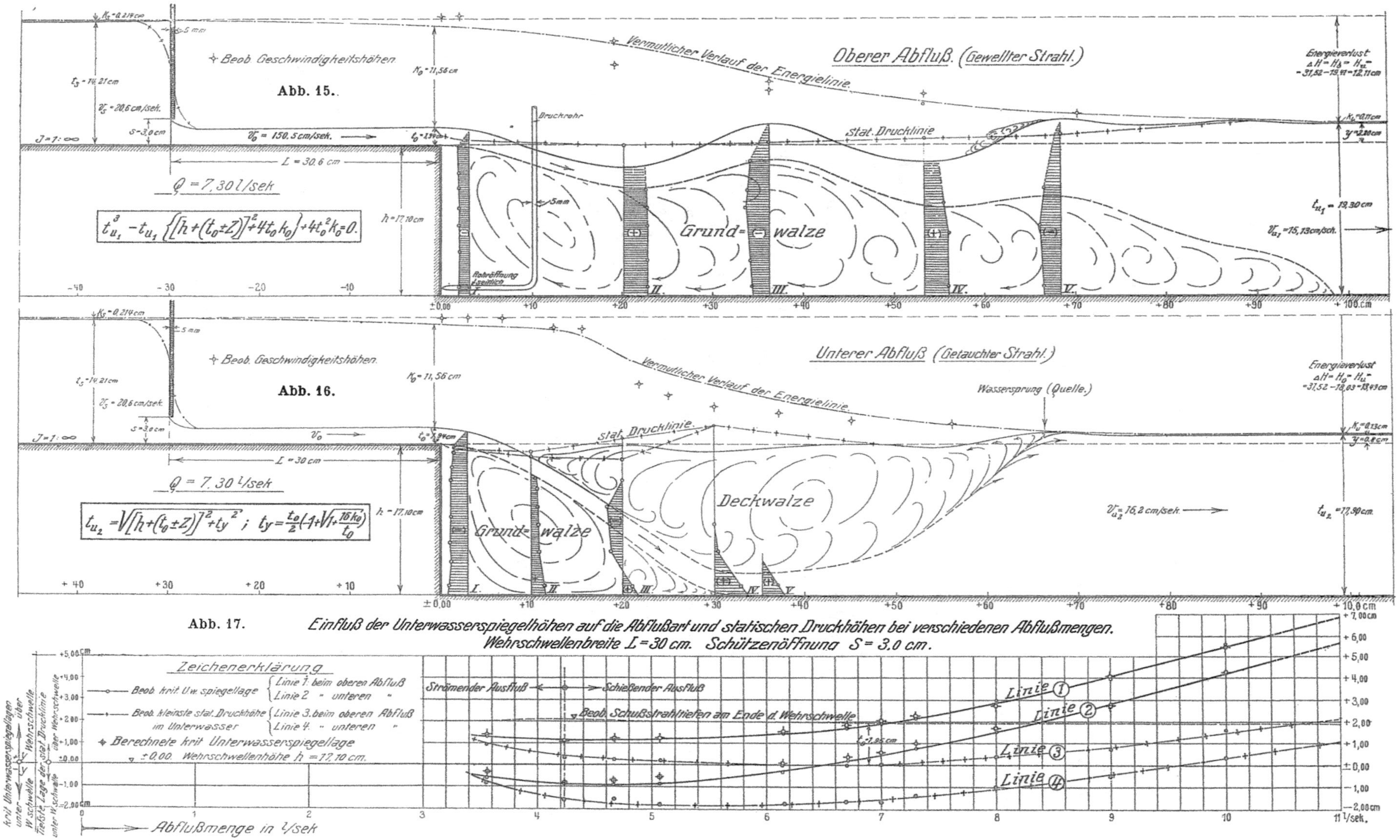

Abb. 15.

Oberer Abfluß. (Gewellter Strahl.)

$Q = 7.30$ l/sek.

$L = 30.6$ cm

$$t_{u_1}^3 - t_{u_1}\left\{[h+(t_0+z)]^2 + 4t_0 k_0\right\} + 4t_0^2 k_0 = 0.$$

Abb. 16.

Unterer Abfluß. (Getauchter Strahl.)

$Q = 7.30$ l/sek.

$L = 30$ cm

$$t_{u_2} = \sqrt{[h+(t_0+z)]\frac{t_0^2}{2} + t_0^2} \; ; \quad t_2 = \frac{t_0}{2}\left(1+\sqrt{1+\frac{16h}{t_0}}\right)$$

Abb. 17. Einfluß der Unterwasserspiegelhöhen auf die Abflußart und statischen Druckhöhen bei verschiedenen Abflußmengen.
Wehrschwellenbreite $L = 30$ cm. Schützenöffnung $S = 3.0$ cm.

Linie ①
Linie ②
Linie ③
Linie ④

Zeichenerklärung

Abflußmenge in l/sek.

Abb. 15.—17. Änderung des statischen Druckes durch die Zusatzspannung im Unterwasser eines Schützen-Wehrmodells mit erhöhtem ebenem Schußboden bei den Abflußarten des gewellten und des getauchten Strahles.

geschlossenen Rohrspitze entfernt, eine Öffnung von 2 mm Durchm. befand (vgl. Lichtbild 4—6).

Die Abflußmenge betrug 7,30 l/s auf 0,25 m Breite. Der ebene Schußboden reichte bis 30 cm vom Schütz stromabwärts. Er lag 17,10 cm über dem ebenfalls waagrechten Rinnenboden.

Beim gewellten Strahl in Abb. 15 verläuft die aus den einzelnen Profilen ermittelte Drucklinie besonders an der Absturzstelle nur um einen geringen Wert über der Schußbodenhöhe. Sie erreicht ganz allmählich erst in einer bedeutenden Entfernung vom Absturz, ungefähr am Ende der Grundwalze, die Unterwasserspiegellage. Dabei wird die gewellte Wasseroberfläche mehrmals von der Drucklinie geschnitten, weil in den Wellentälern ein Überdruck und unter den Wellenbergen ein Unterdruck herrscht. Die Druckprofile weisen ungefähr in der Lotmitte ein Druckmaximum auf. Eine Verbindung dieser Stellen würde die sog. Nullinie der Wasserwalze ergeben, welche die Abwärtsströmung von der Aufwärtsströmung in der Grundwalze trennt.

Beim getauchten Strahl in Abb. 16 erfährt nicht nur das Abflußbild, sondern auch der Verlauf der Drucklinie eine Änderung. Es machen sich in einzelnen Druckprofilen sprunghafte Übergänge bemerkbar. Dies zeigt sich schon in Profil *II*, ganz besonders aber in Profil *III*. Der Überdruck in Sohlennähe entspricht in den beiden Profilen der konkaven Bahn des unteren Teiles des Hauptstromes und der Wasserfäden, die aus diesem Strom abgelenkt werden und die Grundwalze speisen. Der in höherer Lage in Profil *III* auftretende Unterdruck steht durch seine Größe in einem gewissen Gegensatz zu dem in Profil *I* gemessenen, da doch im Scheitelpunkt der Fallparabel der Krümmungsradius am kleinsten ist und folglich im Profil *I* die Zusatzspannung bei gleichbleibender Lage der Energielinie auch erheblich größer sein müßte. Es wäre daher anzunehmen, daß im Strahl, der beiderseits von Walzen eingeschlossen ist, gleichsam wie in einem eingeengten Rohrquerschnitt — ähnlich wie beim Venturimeter — eine besonders starke Saugwirkung hervorgerufen wird. Es ist aber auch anderseits möglich, daß durch die große Geschwindigkeit, mit welcher der herabstürzende Wasserstrahl die zylindrische Fläche des Druckrohres umfließt, seitlich, wo sich übrigens auch die Rohröffnung befindet, eine Wirbelzone entsteht, die den Unterdruck hervorruft.

Profil *IV* zeigt im Strahl einen Überdruck, dagegen in der Deckwalze einen der Wassertiefe entsprechenden statischen Druck. Die Drucklinie verläuft hier unter Schußbodenhöhe, steigt aber an der Aufschlagstelle des Strahles bedeutend darüber an. Sie erreicht, wie beim gewellten Strahl, gegen das Walzenende die Höhenlage des Unterwasserspiegels.

Die Kenntnis der statischen Drucklinie ist bei jeder krummlinigen Bewegung, um so mehr bei diesen verwickelten Abflußverhältnissen, besonders von Bedeutung. Die mittels des Pitotrohres gemessenen Geschwindigkeitshöhen geben in diesem Fall nicht die richtige Lage der Energielinie an, wenn man sie auf die Wasseroberfläche und nicht auf die Druckhöhenlinie aufsetzt. Letztere fällt eben nur bei geradliniger Bewegung der Wasserfäden mit dem Wasserspiegel zusammen. In Abb. 15 und 16 wurden daher bei Einzeichnung der Energielinien die mittels Pitotrohr (vgl. Lichtbild 4) gemessenen Geschwindigkeitshöhen nicht vom Wasserspiegel, sondern von der Höhe der stat. Drucklinien aus aufgetragen.

Die in Abb. 15 an einzelnen Stellen eingezeichneten zwei übereinanderliegenden Meßpunkte zeigen die Größe der Schwankungen der Energielinienlagen während der Beobachtungen.

B. Berechnung der kritischen Unterwassertiefe t_{u_1} beim Abflußwechsel vom getauchten in gewellten Strahl.

Zur Berechnung der kritischen Unterwassertiefe nehmen wir einen Sohlenabsturz mit anschließender horizontaler Flußsohle aus festem Bodenmaterial an.

Der Abfluß des Wassers erfolge nach Abb. 18 unter Bildung eines getauchten Strahles. Hierin bedeuten: h die Absturzhöhe, t_o die Tiefe des schießenden Überfallstrahles, t_{u_1} die kritische Unterwassertiefe vor dem Abflußwechsel, k_o und k_{u_1} die aus den Wassertiefen berechneten Geschwindigkeitshöhen.

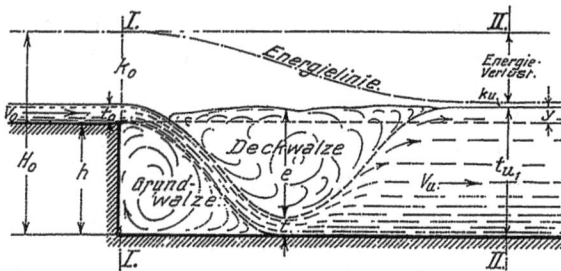

Abb. 18. Darstellung des unteren Abflusses (= getauchter Strahl).

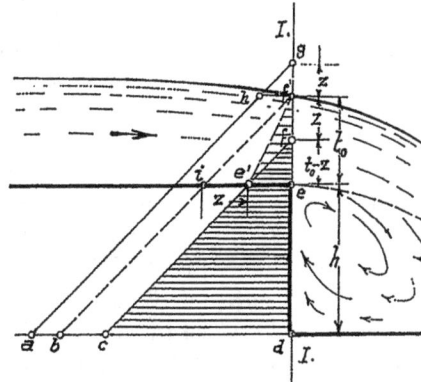

Abb. 19. Änderung des stat. Druckes durch die Zusatzspannung.

Für die Normalschnitte I und II besagt nun der Stützkraftsatz, daß in ihnen die statischen und dynamischen Kräfte zueinander in Gleichgewicht stehen. Im Schnitt I (Abb. 19) wird jedoch der statische Druck infolge der gekrümmten Stromfäden durch die auftretenden Zusatzspannungen vergrößert oder verkleinert, je nachdem der Schußstrahl eine aufwärts oder abwärts gekrümmte Bahn beschreibt. Nehmen wir an, daß die Zusatzspannung sich mit der Tiefe proportional ändert und die Druckverteilung wie bei geraden Stromfäden linear ist, so ergibt sich für den Schnitt I aus Abb. 19 der gesamte statische Druck aus den schraffierten Dreiecken:

$$D = \gamma b \left(\Delta c d f + \Delta f f' e' \right)$$

oder

$$D = \gamma b \left(\frac{[h + (t_o - z)]^2}{2} + \frac{z(t_o - z)}{2} \right) \quad \ldots \ldots \ldots \ldots \quad (12)$$

Bei aufwärts gekrümmter Strombahn entsteht im Schnitt I ein Überdruck, folglich wird:

$$D = \gamma \cdot b \left(\Delta a d g - \Delta h f' g \right)$$

oder

$$D = \gamma \cdot b \left(\frac{[h + (t_o + z)]^2}{2} - \frac{z^2}{2} \right) \quad \ldots \ldots \ldots \ldots \quad (13)$$

Die Werte $\left[\dfrac{z(t_o - z)}{2} \right]$ und $\dfrac{z^2}{2}$ aus obigen Gleichungen werden bei den folgenden Berechnungen vernachlässigt, weil wir einerseits noch nicht in der Lage sind, die Zusatzkräfte im voraus genau zu bestimmen, anderseits aber auch, weil diese Werte meistens nur ganz geringfügig und daher für das Endresultat kaum von Bedeutung sind. Auf Grund der bisherigen Ausführungen gilt nun für die Querschnitte I und II, daß

$$W_I = \frac{[h + (t_o \pm z)]^2}{2} + 2 t_o k_o = W_{II} = \frac{t_{u_1}^2}{2} + 2 t_{u_1} k_{u_1} \quad \ldots \ldots \quad (14)$$

oder

$$[h + (t_o \pm z)]^2 - t_{u_1}^2 = 4 (t_{u_1} k_{u_1} - t_o k_o).$$

Setzen wir (vgl. S. 4):
$$k_{u_1} = \frac{v_{u_1}{}^2}{2g} = \frac{t_o{}^2}{t_{u_1}{}^2} k_o,$$

so wird

$$[h + (t_o \pm z)]^2 - t_{u_1}{}^2 = 4\left(t_{u_1} \frac{t_o{}^2}{t_{u_1}{}^2} k_o - t_o k_o\right) = 4 t_o k_o \left(\frac{t_o}{t_{u_1}} - 1\right) = 4 t_o k_o \left(\frac{t_o - t_{u_1}}{t_{u_1}}\right).$$

Mit t_{u_1} multipliziert entsteht die endgültige Formel:

$$t_{u_1}{}^3 - t_{u_1}\{[h + (t_o \pm z)]^2 + 4 t_o k_o\} + 4 t_o{}^2 k = 0 \quad \ldots \ldots \quad (15)$$

Am einfachsten ist t_{u_1} durch Proberechnungen zu bestimmen, indem man für die kritische Wassertiefe Schätzungswerte annimmt und die Gleichung danach prüft. Steigt der Unterwasserspiegel über die berechnete kritische Tiefe, so kann ein Gleichgewicht nur dadurch hergestellt werden, daß im Schnitt I der statische Druck auf Kosten der negativen Zusatzspannung größer wird, weil der Stoßdruck $P = 2 t_o k_o$ unverändert bleibt. Eine Verminderung der Zusatzspannung ist aber nur möglich, wenn der Krümmungsradius der Fallbahn des Überfallstrahles größer wird, und zwar dadurch, daß sich dieser von der Absturzwand entfernt. So entsteht der Wechsel im Abflußbild. Der Strahl begibt sich an die Oberfläche, sobald die Grenze des Gleichgewichtszustandes für den unteren Abfluß erreicht ist.

Ist $h = 0$, so wird auch $\pm z = 0$ und damit t_{u_1} die Unterwassertiefe beim Wechselsprung eines reißenden Stromes von der Tiefe t_o. Die Gleichung (15) läßt sich daher in die bekannte Formel umwandeln:

$$t_{u_1} = t_u = \frac{t_o}{2}\left(-1 \pm \sqrt{1 + \frac{16 k_o}{t_o}}\right).$$

Wollen wir t_{u_1} berechnen, so muß die Größe der Zusatzspannung bekannt sein. Diese berechnet sich zu $z = \mathfrak{z} t_o = \frac{2 k_o}{\varrho} t_o$, und zwar gilt das, solange der Strahl als eine einzige Schicht aufzufassen ist, d. h. solange der Krümmungsradius in den einzelnen Stromfäden nur vernachlässigbare Abweichungen aufweist. Das ist aber nur möglich, wenn in den benachbarten Querschnitten die gleiche Geschwindigkeit herrscht. Für den vorliegenden Fall trifft dies mit guter Annäherung zu, weil ja der Überfallstrahl schon mit $v > \sqrt{g t}$ größer als Wellengeschwindigkeit ankommt, dann unterhalb der Schwelle gleich in das Unterwasser taucht. Die dabei durch Reibungsverluste eintretenden Geschwindigkeitsänderungen sind wiederum nicht so bedeutend, daß sie auf die für den Querschnitt I zu berechnende Zusatzspannung Einfluß haben könnten.

Angenommen, daß der Strahl beim Absturz eine der freien Fallparabel gleiche Bahn beschreibt, die in dem lotrechten Querschnitt I ihren Ausgangspunkt hat, so ist der Krümmungsradius

$$\varrho = 2 k_o \text{ und die Zusatzspannung } z = \frac{2 k_o}{2 k_o} t_o = t_o.$$

Die Gleichung (15) geht damit in die einfachere Form über:

$$t_{u_1}{}^3 - t_{u_1}(h^2 + 4 t_o k_o) + 4 t_o{}^2 k_o = 0 \quad \ldots \ldots \quad (16)$$

Ist t_{u_1} die Unterwassertiefe bekannt, so kann die Zusatzspannung ebenfalls mittels der Stützkräfte berechnet werden:

Es ist:
$$W_I = \frac{[h + (t_o \pm z)]^2}{2} + 2 t_o k_o = W_{II} = \frac{t_{u_1}{}^2}{2} + 2 t_{u_1} k_{u_1}$$

oder
$$[h + (t_o \pm z)]^2 = t_{u_1}{}^2 + 4(t_{u_1} k_{u_1} - 4 t_o k_o),$$

mithin $\qquad \pm z = \sqrt{t_{u_1}^2 + 4(t_{u_1}k_{u_1} - t_o k_o)} - (h + t_o)$ . . . . (17)

oder aber aus der Gleichung (15)

$$\pm z = \sqrt{\frac{t_{u_1}^3 + 4 t_o k_o (t_o - t_{u_1})}{t_{u_1}}} - (h + t_o) \quad \ldots \ldots \quad (18)$$

Für die Absturzhöhe ergibt sich dann aus Gleichung (17) der Wert:

$$h = \sqrt{t_{u_1}^2 + 4(t_{u_1}k_{u_1} - t_o k_o)} - (t_o \pm z) \quad \ldots \ldots \ldots \quad (19)$$

In dieser Gleichung bedeutet h als Absturzhöhe zugleich auch die Eindringungs-tiefe oder Kolktiefe des getauchten Strahles. Dabei ist die Kolktiefe von der Höhe der Absturzwand zu rechnen. (Siehe IV. Teil, S. 33.)

Sabaneyef berechnet die Zusatzspannung bzw. den zum oberen Abfluß nötigen Druck ebenfalls mit Hilfe des Impulssatzes und gibt hierfür die folgende Gleichung an:

$$(H v \Delta t - h V \Delta t)\, \gamma : \Delta t = \left[\frac{1}{2}(h + p)^2 + h_o p - \frac{1}{2} H^2 \right] g \gamma$$

oder in anderer Form mit den hier gebräuchlichen Bezeichnungen

$$t_u \frac{v_u^2}{g} - t_o \frac{v_o^2}{g} = \frac{1}{2}(t_o + h)^2 + h z - \frac{1}{2} t_u^2$$

und daraus die Zusatzspannung

$$z = \frac{t_u^2 - (h + t_o)^2 + 4(t_u k_u - t_o k_o)}{h}.$$

Bei der Abflußmenge $Q = 7,0$ l/s, $y = 2,05$ cm, $t_o = 1,95$ cm und $h = 17,10$ cm würde die obige Gleichung für $z = -4,2$ cm ergeben, gegenüber dem gemessenen Werte von $-1,95$ cm.

Die berechnete Zusatzspannung ist natürlich viel zu groß, weil nämlich für den oberen Ab-fluß angenommen wurde, daß dieser nur bei Überdruck möglich ist. In der Wirklichkeit erfolgt jedoch der obere Abfluß auch schon bei $z < 0$.

Setzen wir daher für das obige Beispiel $\pm z = 0$, so ergibt das nach der Gleichung (16) eine Unterwassertiefe $t_u = 21,25$ cm, die also bereits um mehr als 2 cm größer ist als die beobachtete oder berechnete kritische Tiefe t_{u_1} (vgl. Zahlentafel 4). Der obere Abfluß wäre also auch damit mehrfach gesichert.

Zahlentafel 4.

Q l/s	t_o cm	$v_o = \frac{Q}{F}$ cm/s	$k_o = \frac{v_o^2}{2g}$ cm	h cm	$-z$ beob. cm	t_{u_1} gemessen cm	t_{u_1}' berechnet cm	$y = t_{u_1} - h$ gemessen cm	$y' = t_{u_1}' - h$ berechnet cm	Δy cm	$^o/_o$
3,55	2,02	70,6	2,55	17,10	—1,06	18,40	18,50	1,30	1,40	—0,10	—7,7
4,23	2,15	78,8	3,16	17,10	—1,55	18,23	18,15	1,13	1,05	+0,08	+7,1
4,66	2,07	90,2	4,14	17,10	—1,82	18,26	18,31	1,16	1,21	—0,05	—4,3
5,06	2,02	100,2	5,13	17,10	—1,77	18,30	18,36	1,20	1,26	—0,06	—5,0
6,14	1,98	124,0	7,84	17,10	—1,98	18,55	18,66	1,45	1,56	—0,11	—7,6
6,70	1,96	136,8	9,54	17,10	—1,95	18,84	18,98	1,74	1,88	—0,14	—8,0
7,00	1,95	143,9	10,56	17,10	—1,95	19,04	19,15	1,94	2,05	—0,11	—5,9
7,30	1,94	150,5	11,56	17,10	—1,86	19,26	19,38	2,16	2,28	—0,12	—5,6
8,00	1,93	165,7	14,00	17,10	—1,53	20,10	19,83	3,00	2,73	+0,27	+9,0
9,00	1,91	188,7	18,12	17,10	—1,16	21,04	21,05	3,94	3,95	—0,01	—0,3
10,00	1,90	211,0	22,70	17,10	—0,27	22,72	22,58	5,62	5,48	+0,14	+2,5
6,00	1,98	121,2	7,51	15,00	—1,83	16,74	16,82	1,74	1,82	—0,08	—4,6
7,00	1,95	143,9	10,56	15,00	—1,87	17,45	17,35	2,45	2,35	+0,10	+4,1
8,00	1,93	165,8	14,00	15,00	—1,33	18,20	18,42	3,20	3,42	—0,22	—6,9
5,00	2,02	98,2	4,92	13,70	—1,58	15,39	15,30	1,69	1,60	+0,09	+5,3
5,50	2,00	110,0	6,18	13,70	—1,62	15,45	15,52	1,75	1,82	—0,07	—4,0
6,00	1,98	121,2	7,51	13,70	—1,69	15,71	15,75	2,01	2,05	—0,04	—2,0
6,50	1,97	132,0	8,88	13,70	—1,91	15,92	15,86	2,22	2,16	+0,06	+2,7
7,80	1,93	162,0	13,40	13,70	—1,47	17,00	17,15	3,60	3,75	—0,15	—4,2
4,60	2,08	88,6	4,01	10,00	—1,38	11,84	11,90	1,84	1,90	—0,06	—3,3
5,30	2,01	105,6	5,70	10,00	—1,57	12,17	12,12	2,17	2,12	+0,05	+2,3
6,50	1,97	132,2	8,93	10,00	—1,40	13,22	12,12	3,22	3,10	+0,10	+3,7

Die Berechnung der in Zahlentafel 4 bei vier verschiedenen Absturzhöhen beobachteten Unterwassertiefen wurde mit Hilfe der Gleichung (15) ausgeführt. Vergleicht man jeweils nur die y und y', die gemessenen und berechneten Unterwassertiefen über der Absturzwand, so ergibt sich die Abweichung der Beobachtungswerte von den Rechnungswerten im Mittel zu $\pm 4{,}8\%$. Die Gültigkeit und Zuverlässigkeit der rein rechnerisch abgeleiteten Formeln wäre damit auch bestätigt.

Es wurde schon gesagt, daß die Berechnung der kritischen Wassertiefe t_{u_1} die Kenntnis der Größe von z voraussetzt. Die Gleichung (15) erhält erst dadurch eine praktische Bedeutung, wenn es möglich ist, die Zusatzspannung im voraus zu bestimmen. Dies soll für den Fall, daß die Zusatzspannung bei einer bestimmten Schußstrahltiefe und Absturzhöhe schon bekannt ist, an einem Beispiele in Abb. 20 (vgl. Zahlentafel 5) gezeigt werden.

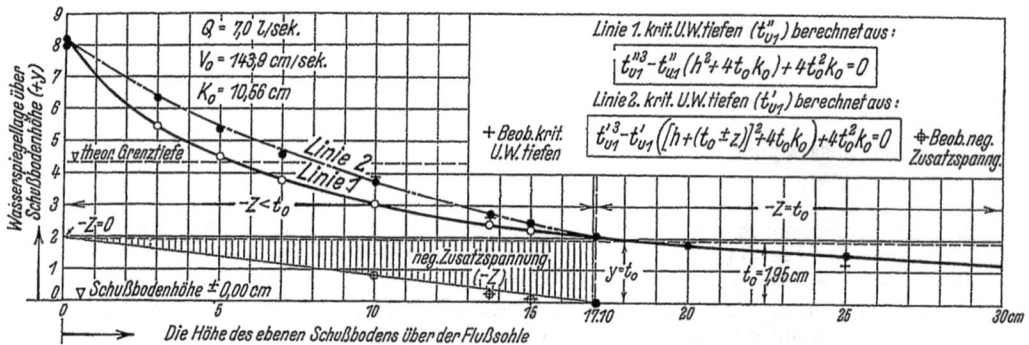

Abb. 20. Graphisches Verfahren zur Bestimmung der Zusatzspannung in einem Überfallstrahl bei verschiedenen Absturzhöhen.

Bei einer Abflußmenge von 7,00 l/s sollen daher zuerst für verschiedene Absturzhöhen h, die kritischen Unterwassertiefen t_{u1} mittels der Gleichung (16) berechnet werden. Die Tiefe des schießenden Stromes $t_o = 1{,}95$ cm ist aus den Versuchen bekannt. In Abb. 20 sind die angenommenen Werte von h als Abszissen, die aus h und t_o ermittelten Wasserspiegellagen $y = (t_{u_1} - h)$ als Ordinaten aufgetragen. Die Verbindung dieser Punkte stellt die Linie 1 dar. Diese gibt an zwei Stellen mit guter Annäherung die gesuchte Unterwassertiefe an, und zwar bei $h = 0$ und $h = 17{,}10$ cm oder $t_o = y = 1{,}95$ cm, denn nur an diesen Stellen besitzt die angewandte Formel Gültigkeit.

In beiden Fällen ist die Größe der Zusatzspannung bekannt: für $h = 0$ ist auch $\pm z = 0$, dagegen bei $h = 17{,}10$ cm oder $t_o = y$ ist $-z = -t_o = -1{,}95$ cm, welch letzterer Wert durch Beobachtungen festgestellt wurde. Nehmen wir an, daß die Änderung der Zusatzspannung innerhalb der genannten Grenzen linear verlauft, so kann durch die Verbindung dieser Stellen durch eine Gerade, für jede Absturzhöhe zwischen $h = 0$ und $h = 17{,}10$ cm, die gesuchte Größe von z graphisch ermittelt werden.

In Abb. 20 ist das durch die schraffierte Fläche gekennzeichnet. Daraus sieht man, daß für $h > 17{,}10$ cm die Zusatzspannung den gleichen Wert von $(-z) = t_o$ beibehält, da sonst bei einer Zusatzspannung, die diesen Wert übersteigt, ein Abflußwechsel vom getauchten in gewellten Strahl niemals auftreten könnte. Setzt man die auf diese Weise graphisch ermittelten Werte von $(-z)$ in die Gleichung (15) ein, so gibt diese für die fraglichen Absturzhöhen mit überaus guter Annäherung die gesuchten kritischen Wassertiefen über Schußbodenhöhe Linie 2 an. Die Abweichung der Rechnungswerte $y' = (t'_{u_1} - h)$ von den Beobachtungswerten $y = (t_{u_1} - h)$ ist im Durchschnitt auch hier nicht größer als $\pm 5,8$ vH.

Aus Abb. 20 geht nun eine wichtige Feststellung hervor, nämlich: **Je größer die Überfallhöhe, um so kleiner ist die kritische Wasserspiegellage über der Absturzwand oder der Wehrkrone und umgekehrt.** Bei $h = \infty$ wird natürlich $y = 0$.

Zahlentafel 5.

Schuß- boden- höhe h cm	Berechn. krit. Unter- wassertiefe $(Z = t_0)$ t_{u_1}'' cm	Unterdruck gemessen $- Z$ cm	Unterdruck graphisch ermittelt $- Z$ cm	Berechn. krit. Unterwasser- tiefe t_{u_1}' cm	Beob. krit. Unterwasser- tiefe t_{u_1} cm	$t_{u_1}' - t_{u_1}$ $= \Delta t_{u_1}$ cm	%	Unter- wasserspiegel über Schußbod. $y = t_{u_1} - h$ cm
0,0	8,22	0,0	0,00	8,22	7,95	$+0,27$	$+3,40$	8,22
3,0	8,47	—	— 0,35	9,30	—	—	—	6,30
5,0	9,50	—	— 0,56	10,35	—	—	—	5,35
7,0	10,75	—	— 0,80	11,60	—	—	—	4,61
10,0	13,02	— 1,15	— 1,15	13,70	13,88	— 0,18	— 4,65	3,70
13,7	16,13	— 1,70	— 1,57	16,45	16,35	$+0,10$	$+3,76$	2,75
15,0	17,22	— 1,87	— 1,71	17,49	17,40	$+0,09$	$+3,75$	2,21
17,1	19,15	— 1,95	— 1,95	19,12	19,04	$+0,08$	$+4,13$	2,02
20,0	21,80	—	— 1,95	21,80	—	—	—	1,80
25,0	26,45	— 1,95	— 1,95	26,45	26,20	$+0,25$	$+20,0$	1,45
30,0	31,20	—	— 1,95	31,20	—	—	—	1,20

Zur Berechnung der kritischen Unterwasserspiegellage kann die Gleichung (15) auch dann mit Sicherheit angewendet werden, wenn das Wasser an der Absturzstelle strömend ankommt und erst durch den Sturz allmählich ins Schießen übergeht. Das gilt im allgemeinen für die Überfall- und Grundwehre.

Die Berechnung von t_{u_1} setzt allerdings voraus, daß die Zusatzspannung $(-z)$ an der Absturzstelle bekannt sei. Letztere können wir in diesem Fall aber nur dann bestimmen, wenn die äußere und innere Umrißlinie — die Decke — des Überfallstrahles[1]) und hiermit in den lotrechten Schnitten des Strahles die Geschwindigkeiten und daselbst die Krümmungsradien bekannt sind. Für die untersten Randfäden kann angenommen werden, daß diese die gleiche Krümmung haben wie die Wehrkrone, soweit diese einen bogenförmigen Querschnitt aufweist. Es wird daher

$$z = \sum_1^n \Delta z = \sum_1^n \frac{2 k_0}{\varrho} \Delta t_0,$$

wenn mit Δt_o die Dicke einer Strahlschichte bezeichnet wird. Ist die in den einzelnen Wassertiefen in Δt_o auftretende Geschwindigkeit gegeben, so kann auch k_o und damit z ermittelt werden[2]).

Stürzt der Strahl über eine lotrechte Wand herunter, so muß auch die untere Strahldecke und die Strahlbahn bekannt sein, um z bestimmen zu können.

Aus dem Bisherigen folgt nun, daß bei einem Überfallwehr mit geneigter Schußwand die kritische Unterwassertiefe bei gleichbleibender Abflußmenge und Überfallhöhe um so mehr wächst, je größer der Neigungswinkel α zur lotrechten Sturzwand ist[3]).

Dies ist damit zu erklären, daß bei größerem Neigungswinkel der Krümmungs-

---

[1]) Genaue Messungen über die Überfalldecke wurden bisher von Bazin für den belüfteten freien Überfallstrahl über scharfkantige Wehre ohne Seitenkontraktion ausgeführt.

[2]) Für diese Berechnungen ist in dem Werke von Koch-Carstanjen über »Bewegung des Wassers und die dabei auftretenden Kräfte« auf Seite 124—126 ein Beispiel angegeben.

[3]) Die Beobachtungen, die der Verfasser im Karlsruher Flußbaulaboratorium an mehreren Modellen gemacht hat, stehen damit völlig im Einklang.

radius ϱ im Überfallstrahl zunimmt, wodurch dann die Zusatzspannung ($-z$) kleiner wird. Bei $\alpha = 90$, d. h. bei $h = 0$, ist der lotrechte Abstand des Unterwasserspiegels über der Wehrkrone am größten.

C. Bestimmung der kritischen Unterwassertiefe t_{u_2} beim Übergang vom gewellten in den getauchten Abfluß.

Im Gegensatz zu den vorhergehenden Berechnungen kommen für den zu behandelnden Abflußwechsel (Abb. 21) lediglich die an der Übergangsstelle aufeinander wirkenden lotrechten Kräfte in Betracht. Diese sind: der unter dem gewellten Strahl herrschende statische Druck $D = \gamma \dfrac{[h+(t_o \pm z)]^2}{2}$, der darauf lastende Stoßdruck $P = 2\,t_o k_o \cos \alpha$ des Überfallstrahles und der Atmosphärendruck. Für den gewellten Strahl besteht demnach die Bedingung, daß $D \geqq P \cos \alpha + at$ ist.

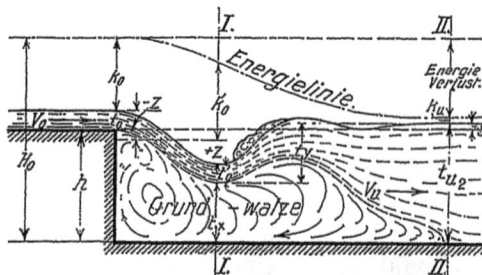

Abb. 21. Der obere Abfluß (= gewellter Strahl) vor dem Übergang zum unteren Abfluß.

Senkt man den Unterwasserspiegel ab, so nähert sich der Überfallstrahl immer mehr der Absturzwand, wodurch der Krümmungsradius ϱ der Fallbahn kleiner, die negative Zusatzspannung $-z$ aber um so größer wird und infolgedessen auch der statische Druck D um dasselbe Maß abnimmt. Dadurch wird aber die Fallhöhe ($t_o - z$) und damit gleichzeitig die Stoßkraft des Überfallstrahles vergrößert. Dieser dringt immer tiefer in das Unterwasser, bleibt aber, solange die obigen Bedingungen erfüllt sind, unter Bildung von stehenden Wellen an der Oberfläche. Diese pflanzen sich solange fort, als die im Strahl freiwerdende kinetische Energie $\Delta H = (H_o - H_u)$ teils durch Reibung, im wesentlichen aber durch die in den einzelnen Sprungwellen[1] erfolgenden Energieverluste nicht völlig aufgezehrt ist. An dieser Stelle endet meistens auch die Grundwalze.

Der Energieverlust ist in der ersten Sprungwelle am größten. Dieser erreicht dann seinen Grenzwert, wenn die Differenz von $(t_{u_2} - t_x) = t_y = t_u$, d. h. gleich der Unterwassertiefe des Wechselsprunges mit freier Deckwalze für die Schußstrahltiefe von t_o' bzw. t_o wird. In diesem Augenblick überstürzt sich der Wellenberg, wodurch sich im Wellental eine Deckwalze bildet. Ist nun der um das Gewicht dieser Wassermasse gesteigerte äußere oder obere Druck größer als der von unten her wirkende Druck D, so begibt sich der Strahl an die Sohle. Es tritt der getauchte Strahl oder untere Abfluß ein. Die mit dem Abflußwechsel zu gleicher Zeit vorhandene Wasserspiegellage gibt somit die gesuchte Grenz- oder kritische Unterwassertiefe an.

Die Grundlage für die Berechnung von t_{u_2} gibt uns die statische Drucklinie, über deren Verlauf schon eingangs auf S. 20 gesprochen wurde. Die Versuche zeigten deutlich, daß diese an der Absturzstelle unmittelbar vor dem Umkippen der Brandungswelle die tiefste, nach vollzogenem Abflußwechsel jeweils die höchste Lage einnahm. Beim Eintritt des Überganges, nachdem das Wellental aufgefüllt ist (vgl. Lichtbild 6). erreicht der statische Druck gerade die Höhe des Unterwasserspiegels.

---

[1] Es ist dieselbe Erscheinung wie beim Wechselsprung ohne Deckwalze, wo ein Teil der kinetischen Energie ebenfalls durch die sog. Reaktionswellen umgebildet wird.

Es kann somit geschrieben werden:

$$\frac{[t_x + (t_o' + z)]^2}{2} + \frac{t_y^2}{2} - at = \frac{t_{u_2}^2}{2} - at \quad \ldots \ldots \ldots (20)$$

oder

$$\frac{[h + (t_o - z)]^2}{2} + \frac{t_y^2}{2} - at = \frac{t_{u_2}^2}{2} - at \quad \ldots \ldots \ldots (21)$$

Daraus ergibt sich für die kritische Unterwassertiefe der Wert:

$$t_{u_2} = \sqrt{[h + (t_o - z)]^2 + t_y^2} \quad \ldots \ldots \ldots \ldots (22)$$

und für die Zusatzspannung

$$\pm z = \sqrt{t_{u_2}^2 - t_y^2} - (h + t_o) \quad \ldots \ldots \ldots \ldots (23)$$

Ist nun $-z > -t_o$, so muß an Stelle t_o der Wert t_o' gesetzt werden, der sich aus der Geschwindigkeitshöhe $k_o' = [k_o - (t_o - z)]$ berechnet. (Vgl. Zahlentafel 6.)

Bei $h = 0$, wird auch $-z = 0$ und damit

$$t_{u_2} = \sqrt{t_o^2 + t_y^2} \quad \ldots \ldots \ldots \ldots \ldots (24)$$

In den Gleichungen 20—24 bedeutet

$$t_y = \frac{t_o}{2}\left(-1 \pm \sqrt{1 + \frac{16\,k_o}{t_o}}\right).$$

Obiger Wert aus Gl. 24 ist also größer als t_u, die Höhe des Wechselsprunges mit freier Deckwalze. Die Formel gibt somit den Kleinstwert der Wassertiefe an, bei der ein gestauter Wechselsprung (Abb. 1 c—c') eintritt.

Für $Q = 7{,}00$ l/s und $t_o = 1{,}95$ cm sowie $t_u = 8{,}20$ würde die Gleichung (24) eine Unterwassertiefe von 8,43 cm ergeben.

Um die Gültigkeit der abgeleiteten Formeln nachzuprüfen, wurden die in Zahlentafel 6 angegebenen Beispiele für die Schußbodenhöhe von $h = 17{,}10$ cm bei verschiedenen Abflußmengen mit Hilfe der aus den Versuchen bekannten Werte $(-z)$ berechnet und mit den in der Wirklichkeit gemessenen verglichen. Die Abweichung beträgt in den Grenzwerten —0,3 und $+ 2{,}4\,^0/_0$.

Zahlentafel 6.

Q	t_o	$v_o = \frac{Q}{F}$	$k_o = \frac{v^2}{2g}$	v_o'	k_o'	t_y	$(-z)$	t_{u_2}	t_{u_2}' berechnet	$t_{u_2}' - t_{u_2}$ $= \varDelta t_{u_2}$	$^0/_0$	Bemerkung
l/s	cm	cm/s	cm	cm/s	cm	cm	beob.	beob.				
3,55	2,02	70,6	2,55	82,2	3,45	4,35	—0,90	16,50	16,76	+0,26	+1,55	Es ist
4,23	2,15	78,8	3,16	97,5	4,84	5,12	—1,70	16,25	16,20	—0,05	—0,31	$v_o' = \sqrt{2g\,k_o'}$
4,66	2,07	90,2	4,14	109,0	6,06	6,10	—1,94	16,20	16,35	+0,15	+0,92	und
5,06	2,02	100,2	5,13	116,8	6,95	6,55	—1,85	16,25	16,55	+0,30	+1,82	$k_o' = [k_o - (t_o - z)]$.
6,14	1,98	124,0	7,84	137,0	9,60	7,78	—1,75	16,80	17,20	+0,40	+2,38	Bei $-z > -t_o$
6,70	1,96	136,8	9,54	149,0	11,34	8,50	—1,75	17,34	17,50	+0,16	+0,92	wird t_o zu t_o' und
7,00	1,95	143,9	10,56	156,0	12,40	8,85	—1,80	17,60	17,67	+0,06	+0,34	ergibt sich zu:
7,30	1,94	150,0	11,56	160,0	13,05	9,15	—1,50	17,85	18,10	+0,25	+1,40	$t_o' = \frac{Q}{b \cdot v_o'}$
8,00	1,93	165,7	14,00	172,0	15,05	9,88	—1,10	18,65	18,80	+0,15	+0,80	
9,00	1,91	188,7	18,12	192,0	18,80	11,08	—0,60	19,90	19,85	—0,05	—0,25	
10,00	1,90	211,0	22,70	—	22,70	12,20	+0,45	21,30	21,38	+0,08	+0,37	

Die Berechnung der Zusatzspannung, ohne deren genaue Kenntnis die abgeleiteten Formeln keine richtigen Werte ergeben, ist auch hier nur möglich, wenn in dem fraglichen Stromschnitt die darin auftretenden Geschwindigkeiten und die Lage der

Energielinie, oder aber statt dieser die Fallbahn, bei strömendem Zufluß außerdem auch die obere und untere Decke des Überfallstrahles, bekannt sind.

Um zu zeigen, in welchem Maße die Zusatzspannung sich mit der Absturzhöhe ändert, wurden in Abb. 22 bei einer Abflußmenge von 7,0 l/s die untersuchten Schuß-bodenhöhen als Abszissen, die dabei beobachteten kritischen Unterwasserspiegellagen des getauchten Abflusses $y = (t_{u_2} - h)$ und die jeweils dabei auftretenden Zusatz-spannungen als Ordinaten aufgetragen.

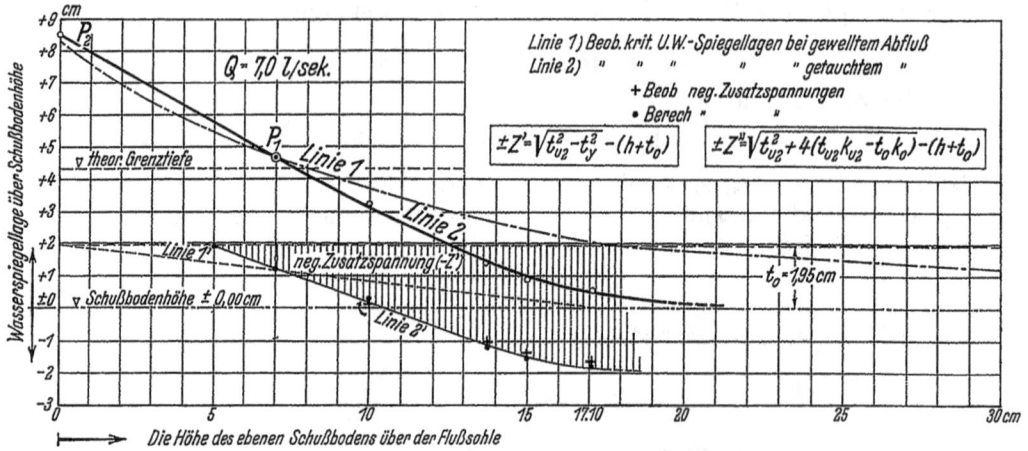

Abb. 22. Graphische Auftragung der krit. Unterwassertiefen über Schußbodenhöhen $y_1 = (t_{u_1} - h)$ und $y_2 = (t_{u_2} - h)$ bei verschiedenen Absturzhöhen. Einfluß der Unterwasserspiegellage auf die Zusatzspannung bei den Abflußarten des gewellten und getauchten Strahles. Abflußmenge $Q = 7,0$ l/s.

Die Verbindung der Meßpunkte der kritischen Unterwasserspiegellagen gibt die Linie 2 und die der Zusatzspannungen die Linie 2′. Die Bedeutung der hier ver-gleichshalber eingezeichneten Linien 1 und 1′ ist uns aus Abb. 20 schon bekannt. Diese wurden auf ähnlicher Weise für die kritischen Unterwasserstände (t_{u_1}) des gewellten Strahles und der dabei beobachteten negativen Zusatzspannungen eingezeichnet.

Diese Zusammenstellung führt zunächst zu der merkwürdigen Feststellung, daß die Linie 1 die Linie 2 ungefähr bei $h = 7$ cm in Punkt P_1 schneidet, dann bis zu $h = 0$ oberhalb dieser verlauft. Das bedeutet aber, daß an der Stelle zwischen $h = 0$ und $h = 7$ cm der Fließwechsel vom Schießen zum Strömen sowohl für den gewellten als auch für den getauchten Abfluß annähernd in derselben Weise erfolgt In diesem Fall (vgl. Abb. 23) fließt der Schußstrahl wohl über der Absturzstelle oben hinweg, ist aber in einer gewissen Entfernung von der Absturzwand flußabwärts von einer Deckwalze überlagert und trifft nicht mehr geschlossen und schießend auf die Fluß-sohle.

Zahlentafel 7.

Ab-sturz-höhe h	Negative Zusatzspannung			Δz $= z' - z''$	Krit. U.-W.-Tiefe beob-achtet t_{u_2}	v_{u_2}	$k_{u_2} = \frac{v_u^2}{2g}$	Bei $-z > l_o$ wird l_o und k_o zu l_o' bzw. k_o' (vgl. Bemerkungen in Zahlen-tafel 6).		
	beobachtet $(-z)$	berechnet nach Formel (23) $(-z')$	berechnet nach Formel (17) $(-z'')$					l_o	k_o	t_y
cm	cm	cm	cm	cm	cm	cm/s	mm	cm	cm	cm
17,10	3,60	3,79	3,62	+ 0,17	17,65	15,9	1,29	1,84	12,40	8,43
15,00	3,35	3,54	3,58	— 0,04	15,85	17,7	1,60	1,85	11,86	8,35
13,70	3,10	3,15	3,25	— 0,10	15,05	18,6	1,86	1,86	11,56	8,20
10,00	1,85	1,65	1,75	— 0,10	13,15	21,3	2,31	1,95	10,56	8,20
7,00	0,73	0,77	0,77	— 0,04	11,60	25,0	3,18	1,95	10,56	8,20
5,00	—	0,05	0,05	— 0,00	10,70	26,3	3,54	1,95	10,56	8,20

Senken wir den Unterwasserspiegel bei $h \leqq 7$ cm unter die kritische Wasserspiegellage ab, so wird der Schußstrahl zunächst an der Oberfläche des Unterwassers bleiben, die Deckwalze aber allmählich ganz verschwinden. Bei einer bestimmten Unterwassertiefe begibt sich dann der Schußstrahl plötzlich an die Flußsohle und wird, ähnlich wie in Abb. 14 a—b dargestellt ist, durch Bildung einer freien Deckwalze oder aber ohne diese im offenen Sprung in strömenden Abfluß übergehen.

Aus den Beobachtungen geht deutlich hervor, daß die Differenz der beiden kritischen Unterwassertiefen $\varDelta\, t_u = (t_{u_1} - t_{u_2})$ um so kleiner ist, je mehr die Absturzhöhe abnimmt (siehe auf S. 30, Abb. 24). Anderseits ist aus dem Vorhergehenden bekannt, daß der gewellte Strahl bei $h = 0$ durch einen Wechselsprung ohne oder mit freier Deckwalze, der getauchte Strahl dagegen

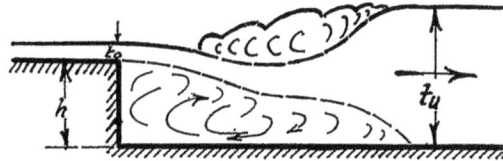

Abb. 23. Oberer Abfluß. Der schießende Strom ist innerhalb der Energieumbildungsstrecke größtenteils von einer Deckwalze überlagert.

durch einen gestauten Wechselsprung vom schießenden in den strömenden Abfluß übergeht. Beim gestauten Wechselsprung ist aber die Unterwassertiefe stets größer als bei dem mit freier Deckwalze, infolgedessen wäre ein anderer Verlauf der Linie 2 (Abb. 22) auch gar nicht möglich.

Dem raschen Anstieg der Linie 2 folgt natürlich auch die Linie 2', wodurch die Zusatzspannung (schraffierte Fläche) ziemlich rasch — im vorliegenden Fall schon bereits bei $h = 5$ cm — zu 0 wird. Beim oberen Abfluß wird dagegen $-z$ erst bei $h = 0$ zu 0 (vgl. Abb. 20).

Ist die Unterwassertiefe bekannt, so kann die Zusatzspannung mit Hilfe der Gleichung (17) oder (23) berechnet werden. In Zahlentafel 7 wurde z. B. bei der Abflußmenge $Q = 7{,}0$ l/s für einige kritische Unterwasserspiegellagen t_{u_2} die Zusatzspannung $(-z)$ mittels der Formeln (17) und (23) berechnet und die Rechnungswerte miteinander verglichen. Daraus sehen wir, daß die Formel (17) meistens die größeren Werte für z liefert, beide Rechnungswerte aber im Vergleich zu den Beobachtungswerten eine mittlere Abweichung von kaum $\pm 5\,\%$ ergeben. Für den praktischen Wasserbau ist diese Genauigkeit allerdings auch genügend.

D. Die Versuche über den Wechsel der Abflußarten.

1. Versuchsanordnung II.

Die Berechnung der kritischen Unterwassertiefen t_{u_1} und t_{u_2} stützt sich auf eine Reihe von Versuchen, die an einem Schützenwehrmodell mit erhöhtem ebenem Schußboden ausgeführt wurden (vgl. Lichtbild 4—6).

Die Versuchsanordnung II ist in Abb. 6 dargestellt. Über die bei den Versuchen verwendeten Meßvorrichtungen wurde eingangs auf S. 8 gesprochen.

Das Wehrmodell bestand aus einem Betonkörper von 133 cm Länge und 17,10 cm Höhe mit glatter Oberfläche. Der horizontale Wehrboden wurde flußaufwärts unter einer Neigung von 1:10 weitergeführt, damit im Stauspiegel keine plötzlichen Senkungen eintreten. Schußboden und Wehrschwelle befanden sich auf gleicher Höhe. Durch Verschiebung der Schützentafel war es somit möglich, die Schußbodenbreite innerhalb der 133 cm Länge beliebig zu ändern.

Die untersuchten Schußbodenhöhen waren 17,10 cm, 15 cm, 13,70 cm und 10 cm. Damit man die ursprüngliche Lage des Schußbodens — 17,10 cm — über dem Rinnenboden nicht jedesmal ändern müsse, wurde einfach der Flußboden gehoben, und zwar dadurch, daß in die Versuchsrinne auf entsprechend hohen Betonprismen eine über 2,0 m lange, 25 cm breite und 5 mm dicke Eisenblechplatte gelegt wurde. Dadurch, daß der Hohlraum zwischen der Eisenplatte und dem Rinnenboden mit Wasser aufgefüllt war, konnten keine störenden Wasserverluste eintreten. Dabei waren die Plattenränder entlang der Glaswände stets abgedichtet. Die Entfernung der Schützentafel vom Schußbodenende betrug bei allen Versuchen 30 cm. Die Schützenöffnungen wechselten von 1,0 cm bis 6,0 cm jeweils um 0,5 cm.

2. Durchführung der Versuche.

Der Gang der Versuche war folgender: Zuerst wurde die Schwellenhöhe und Schützenöffnung festgelegt und dann verschiedene Wassermengen, die sich jeweils nach der Schützenöffnung richteten, zum Abfluß gebracht. Bei einer jeden dieser Abflußmengen wurde das Unterwasser mittels der am Rinnenende befindlichen Staustäbe ganz allmählich aufgestaut bzw. abgesenkt und dabei an dem feststehenden Spm. *III* immer diejenige kritische Wasserspiegellage gemessen, bei welcher der Wechsel des Strahlbildes eintrat. Diese Messungen wurden 5 bis 6 mal oder auch öfters wiederholt, wenn die Beobachtungswerte größere Abweichungen, etwa 2—3 mm, zeigten. Diese traten bei kleinen Abflußmengen meistens durch etwas rascheres Aufstauen oder Absenken des Unterwasserspiegels auf, konnten somit bei wiederholten Ablesungen leicht ausgeschaltet werden. Bei größeren Abflußmengen mußte, infolge der stark gewellten Wasseroberfläche, hiermit schon von vornherein gerechnet werden.

Die gleichen Beobachtungen wurden bei den angegebenen Schußbodenhöhen für eine jede Schützenöffnung von 1,0 cm bis 6,0 cm, wie vorhin angedeutet, ausgeführt. Von den Versuchswerten sind auf Abb. 24 nur diejenigen für die Schützenöffnung von 3,0 cm graphisch aufgetragen. Daraus geht zunächst ganz deutlich hervor, daß bei derselben Abflußmenge die kritische Wasserspiegellage mit abnehmender Überfallhöhe ansteigt und umgekehrt mit zunehmender Überfallhöhe fällt. Dabei verlaufen die t_{u_1}-Linien stets oberhalb der $\pm$ 0-Linie, d. h. über der Schußbodenhöhe, die t_{u_2}-Linien dagegen bleiben, besonders bei kleinen Abflußmengen und Schützenöffnungen — oder Strahltiefen t_o — zum Teil bedeutend darunter.

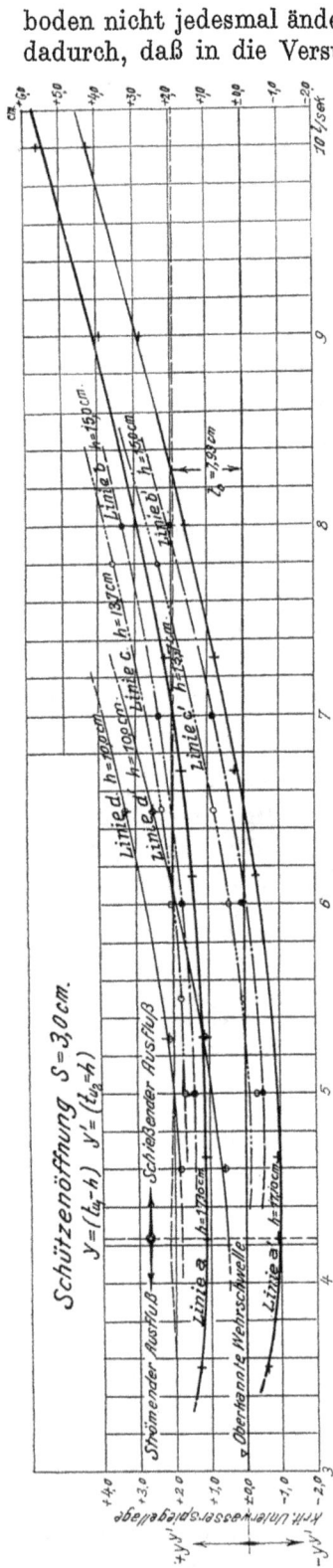

Abb. 24. Graphische Auftragung der beobachteten kritischen Unterwasserspiegellagen des oberen und des unteren Abflusses bei verschiedenen Abflußmengen und Absturzhöhen. Schützöffnung s = 3,0 cm.

Bei Betrachtung der Linien a, b, c, d und a', b', c', d' der kritischen Wassertiefen t_{u_1} und t_{u_2} in Abb. 24 sehen wir, daß diese je nach der Überfall- oder Schußbodenhöhe bei einer bestimmten Abflußmenge die tiefste Lage einnehmen und von. da ab nach beiden Seiten hin allmählich ansteigen. Bei größeren Abflußmengen als jenen in der tiefsten Stelle — vorausgesetzt, daß die Schützenöffnung sich nicht ändert — ist dies durch die größere Stoßkraft und die gleichzeitige Abnahme der negativen Zusatzspannung —z, bei kleineren Wassermengen dagegen allein durch die Abnahme von —z bedingt (vgl. Abb. 17). Das ist eine wichtige Feststellung, die besagt, daß für eine beliebige Q-Abflußmenge die Zusatzspannung nicht nur von der Überfallhöhe und Unterwassertiefe abhängig ist, sondern auch von dem Verhältnis $t_o : t_{gr}$. Das soll an einem Beispiel näher erklärt werden.

3. Die Änderung der Zusatzspannung bei verschiedenen Schußstrahltiefen und Überfallhöhen.

Es sei wieder $Q = 7,0$ l/s angenommen. Für diese Abflußmenge sind in Abb. 25 die Schußstrahltiefen als Abszissen, die aus den Versuchen bekannten kritischen Unterwasserspiegellagen $y = (t_{u_1} - h)$ für eine jede der angenommenen Schußboden-höhen als Ordinaten aufgetragen. Die Verbin-dung dieser Punkte ergibt die Linien 1, 2, 3 und 4. Die Zusatzspannung ist aus den ge-gebenen Werten von t_{u_1}, t_0 und h mittels der Gleichung (15) berechnet und die Werte in Abb. 25 von der gestrichelten Linie ab ge-messen als Ordinaten aufgetragen (vgl. Linie 1', 2', 3' und 4'). Die gestrichelte Linie gibt die Schußstrahltiefen t_o an.

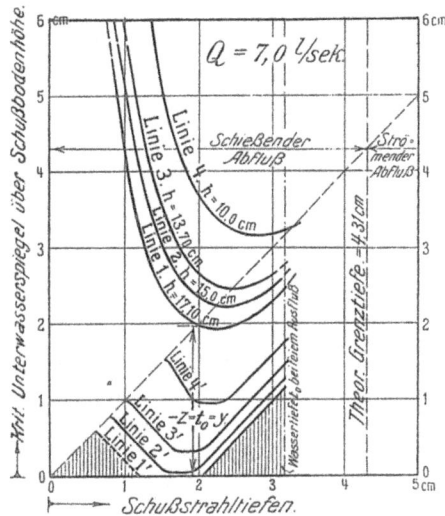

Abb. 25. Darstellung der Beziehung zwischen der Schußstrahltiefe t_o und der negativen Zusatz-spannung bei verschiedenen Absturzhöhen und der dabei gemessenen krit. Unterwasserspiegel-lagen.

Man betrachte zuerst das Verhalten der Zusatzspannung bei $h = 17,10$ cm. Ist $t_o = 0$, so wird auch $\pm z = 0$. Nimmt t_0 bis zu einer bestimmten Größe zu, so bleibt auf Grund der bisherigen Untersuchungen die Zusatzspannung $z = 0$ oder nimmt einen positiven Wert $z > 0$ an, d. h. es herrscht in Querschnitt I (siehe Abb. 19) ein Überdruck. Bekanntlich ist in diesen Fällen die Strahlbahn des Überfall-strahles eine Gerade oder aufwärts gekrümmte Linie, womit gesagt ist, daß der Abfluß oben erfolgt. Das vorliegende Beispiel ergibt hierfür die Grenze ungefähr in $t_o = 0,6$ cm $= 0,14\,t_{gr}$ an, wobei $t_{gr} = 4,31$ cm ist. Von da ab wächst die negative Zusatzspannung ganz rasch. Sie nimmt von $t_o = 1,2$ cm bis zu $t_o = 2,05$ cm bzw. $t_o = 0,278\,t_{gr}$ und $t_o = 0,476\,t_{gr}$ um dasselbe Maß wie t_o an Größe zu. Bei $t_o = 3,17$ cm — oberhalb der Absturzkante gemessen — kam das Wasser schon strömend, d. h. ungestaut durch die Schützenöffnung. Zwischen diesem Wert und $t_o = 2,05$ cm behält die Zusatzspannung annähernd denselben Wert bei, ist also kleiner als die jeweilige Strahltiefe.

Ob es also möglich ist, auf Grund dieser Feststellungen die Zusatzspannung für eine beliebige Schußstrahltiefe im voraus zu bestimmen, kann hier nicht entschieden werden, da hierfür die vorliegenden Untersuchungen kaum hinreichen würden. Das

Zahlentafel 8.

Schützen-öffnung	Schluß-strahl-tiefe	$v_o = \dfrac{Q}{F}$	$\dfrac{v_o^2}{2g} = k_o$	Krit. Unterwasserspiegel $y = (t_{w_1} - h)$ cm				Berechnung der Zusatzpannung $(-Z)$ nach Gl. 18				$l_o : t_{gr}$
				$h =$				$h =$				
s cm	l_o cm	m/s	cm	17,1 cm	15,0 cm	13,7 cm	10,0 cm	17,1 cm	15,0 cm	13,7 cm	10,0 cm	
2,0	1,27	220,8	24,80	3,15	3,80	4,10	——	— 1,27	— 0,90	— 0,37	—	0,295
2,5	1,63	171,8	15,03	2,30	2,80	3,20	4,50	— 1,63	— 1,59	— 1,27	— 0,04	0,378
3,0	1,95	143,9	10,56	2,00	2,35	2,70	3,80	— 1,95	— 1,85	— 1,65	— 0,99	0,453
3,5	2,25	124,5	7,93	1,95	2,24	2,50	3,35	— 2,05	— 1,95	— 1,76	— 1,33	0,523
4,0	2,59	108,4	6,02	2,00	2,25	2,47	3,20	— 2,04	— 1,99	— 1,78	— 1,40	0,602
4,5	3,17	88,8	4,03	2,50	2,67	2,75	3,20	— 1,80	— 1,77	— 1,62	— 1,53	0,736

Bemerkung: $t_{gr} = 4,31$ cm.

auf S. 24 besprochene graphische Verfahren (vgl. Abb. 20) kann daher auch nur innerhalb enger Grenzen mit genügender Sicherheit angewendet werden.

Daß die negative Zusatzspannung nach den Beobachtungen bei $t_o < 0,5\, t_{gr}$ allmählich zu 0 wird, läßt erkennen, daß die Linien *1*, *2*, *3* und *4* trotzdem sie ganz steil ansteigen, nur einen endlichen Wert annehmen, d. h. bei einer bestimmten Strahltiefe diese y-Werte ein Maximum erreichen, weil ja bei $t_o = 0$ auch $y = 0$ sein muß. Es sei an dieser Stelle erwähnt, daß für kleine Strahltiefen etwa $t_o < 0,25\, t_{gr}$ die berechneten kritischen Wasserspiegellagen meistens größer waren, als diejenigen, die bei den Versuchen oder in der Natur beobachtet wurden.

Die Versuche mit kleinen Strahltiefen konnten allerdings nur bis zu einer gewissen Grenze durchgeführt werden, weil die für die Versuchsanlage noch zulässige Stauhöhe von höchstens 35—40 cm nicht überschritten werden durfte. Wenn in den untersuchten Fällen die Abweichung der berechneten von den beobachteten Unterwassertiefen nur klein war, im Mittel stets kleiner als 5 % — so ist das vor allem dem Umstand zuzuschreiben, daß die Unterwasserspiegellage und die an der Übergangsstelle herrschende Zusatzspannung in Wechselbeziehung zueinander stehen. Kleine Unterwassertiefen haben einen größeren Unterdruck zur Folge und umgekehrt. Daraus erklärt sich, daß die abgeleiteten Formeln, ohne Berücksichtigung irgendwelcher Reibungsverluste, mit ziemlicher Genauigkeit die gesuchten Werte ergeben.

Bei all den bisher ausgeführten Berechnungen war die Tiefe t_o des reißenden Stromes am Ende des Schußbodens als bekannt vorausgesetzt. Diese kann aber auch berechnet werden, wenn für das gegebene Schütz der Einschnürungsfaktor vorausbestimmt wird[1]). Für die bei den Versuchen verwendete Schützentafel mit scharfer unterer Kante stellte sich in den meisten Fällen $\mu = 0,61 — 0,63$. Es wird daher $l_o = \mu s + \varDelta t_o$. Hier bedeutet s die Schützenöffnung und $\varDelta t_o$ die beim Schußstrahl durch den verzögerten Abfluß erfolgte Hebung des Wasserspiegels. Ist der Rauhigkeitsbeiwert für den Schußboden n und dessen Gefälle J bekannt, so kann mit Zuhilfenahme der Energielinie auch $\varDelta t_o$ berechnet werden.

In den vorliegenden Untersuchungen handelte es sich lediglich um solche Wehre, bei denen der Abfluß auf einem waagrechten, ebenen Schußboden erfolgt. Die hierfür aufgestellten Berechnungen geben also nur dann für die kritische Wasserspiegellage richtige Werte an, wenn die Neigung der Oberfläche des Schußbodens nur ganz geringfügig oder $= 0$ ist.

Änderungen im Atmosphärendruck haben auf die kritische Wasserspiegellage, wie es die Versuche zeigten, keinen Einfluß gehabt.

---

[1]) Genaue Berechnungen darüber sind in Koch-Carstanjen »Bewegung des Wassers und die dabei auftretenden Kräfte« angeführt.

IV. TEIL.

Über die Sohlenauskolkungen bei Wehren.

A. Berechnung der beim Abflußwechsel entstehenden Kolktiefen.

Die angeführten Versuche über dem Wechsel des Strahlbildes, insbesondere bei Wehren mit erhöhtem, ebenem Schußboden, wurden lediglich mit anschließender fester Flußsohle ausgeführt. Bei gleichbleibender Abflußmenge war demnach ein Übergang vom getauchten in den gewellten Strahl oder umgekehrt nur dann möglich, wenn das Unterwasser bis zur kritischen Wasserspiegellage aufgestaut bzw. abgesenkt wurde. In der Natur ist ein unbeweglicher Boden, soweit er nicht künstlich geschaffen wird, kaum zu finden, denn auch der härteste Felsen wird im Laufe der Zeit durch den stetigen Angriff des Wassers zerstört oder ausgespült.

Das Ausmaß und die Größe des entstehenden Kolkraumes werden im wesentlichen von der Art des Abflusses bestimmt. Besonders deutlich tritt dies bei losem, leicht beweglichem Flußgrund in Erscheinung. Fließt der Strahl von einer Deckwalze überlagert an der Flußsohle ab, so entsteht unmittelbar am Schußbodenende ein kurzer, aber um so tieferer Kolk. Ist die Grenztiefe dieses Kolkes h' bei unveränderter Höhenlage des Unterwasserspiegels erreicht, so begibt sich der Strahl an die Oberfläche. Es bildet sich nun unterhalb des eigentlichen Stromes eine Walze, deren flußaufwärts gerichtete Grundströmung den Kolk bis zu einer bestimmten Lage unter Schußbodenhöhe wieder auffüllt. Sobald diese zweite Grenzlage h'' erreicht ist, taucht der Strahl wiederum in das Unterwasser. Dieses Wechselspiel wiederholt sich je nach der Beschaffenheit des Bodens, der Größe der abfließenden Wassermengen und der Wehrschwellenhöhe in kürzeren oder längeren Zeitabständen, wobei das ausgespülte oder durch den Strom als Geschiebe mitgeführte Material ständig hin und her geworfen wird (siehe Lichtbildtafel 3 und 4).

Die Grundlage für die Berechnung der Grenzkolktiefe bildet die Kenntnis der kritischen Unterwassertiefe, worauf — auf S. 23 — bereits hingewiesen wurde. Denn, angenommen, daß durch die Sohlenreibungen die Eindringungstiefe des Überfallstrahles und damit die Kolktiefe keine bedeutende Verringerung erfährt, so ist:

$$h' + y = t_{u_1} \quad \text{und} \quad h'' + y = t_{u_2}.$$

In der Natur ist y das Maß, um welches der Unterwasserspiegel über Schußbodenhöhe liegt, meistens bekannt. Setzt man daher in die bekannte Gleichung (15)

$$t_{u_1}^3 - t_u\{[h + (t_o \pm z)]^2 + 4 t_o k_o\} + 4 t_o^2 k_o = 0$$

den obigen Wert $t_{u_1} = (h' + y)$ ein, so entsteht, weil h zu h' wird, für den Ausdruck $(h' + y)$ die Gleichung:

$$(h' + y)^3 - (h' + y)\{[h' + (t_o \pm z)]^2 + 4 t_o k_o\} + 4 t_o^2 k_o = 0 \quad \ldots \ldots (25)$$

Der Einfachheit halber soll an Stelle $(t_o \pm z) = a$ geschrieben werden. Damit ergibt sich aus

$$h'^3 + 3 h'^2 y + 3 h' y^2 + y^3 - (h' + y)(h'^2 + 2 h' a + a^2 + 4 t_o k_o) + 4 t_o^2 k_o = 0 \quad (26)$$

oder

$$h'^3 + 3 h'^2 y + 3 h' y^2 + y^3 - h'^3 - 2 h'^2 a - h' a^2 -$$
$$- 4 t_o k_o h' - h'^2 y - 2 h' a y - a^2 y - 4 t_o k_o y + 4 t_o^2 k_o = 0$$

die endgültige Auflösung zu:

$$2 h'^2 (y - a) + h' (3 y^2 - 2 a y - a^2 - 4 t_o k_o) + 4 t_o k_o (t_o - y) + y^3 - a^2 y = 0 \quad (27)$$

Für den Fall, daß $z = t_o$ und damit $a = 0$ wird, entsteht die einfachere Gleichung

$$2h'^2 y + h'(3y^2 - 4t_o k_o) + y^3 + 4t_o k_o(t_o - y) = 0 \quad \ldots \ldots (28)$$

und mit $t_o = y$

$$2h'^2 y + h'(3y^2 - 4k_o y) + y^3 = 0 \quad \ldots \ldots \ldots (29)$$

Letzterer Ausdruck ergibt für $Q = 7,0$ l/s, wenn, wie aus den Beobachtungen bekannt, $z = t_o = y = 1,95$ cm wird, den Wert:

$$h = \frac{-(3y^2 - 4k_0 y) \pm \sqrt{(3y^2 - 4k_0 y)^2 - 8y^4}}{4y} =$$

$$= \frac{-(11,40 - 82,3) \pm \sqrt{(11,40 - 82,3)^2 - 115,2}}{7,78} = \underline{18,05 \text{ cm.}}$$

Gegenüber der bei den Versuchen verwendeten Schwellenhöhe von $h = 17,10$ cm bedeutet das eine Differenz von 0,95 cm oder 5,55 %. Diese Abweichung, die allerdings noch in zulässigen Grenzen liegt, ist darauf zurückzuführen, daß nach der Berechnung $y = 2,05$ cm ist. Setzen wir diesen Wert in die Gleichung (28) ein, so wird die Grenzkolktiefe $h' = 16,90$ cm, womit die Abweichung nur noch 0,2 cm, d. h. 1,16 % beträgt.

Bei Anwendung der Gleichung (27) wird ebenso wie bei der Berechnung der kritischen Wassertiefe die Kenntnis der Zusatzspannung ($\pm z$) vorausgesetzt. Letztere kann im voraus bisher nur innerhalb enger Grenzen mit guter Annäherung bestimmt werden. Das graphische Verfahren, das auf S. 24 besprochen wurde, gäbe in diesem Falle gleich die gesuchte Grenzkolktiefe an, da die kritische Absturzhöhe $h_t = (t_{u_1} - y) = h'$, d. h. theoretisch gleich mit der Grenzkolktiefe ist. Die in Abb. 20 aufgetragene Linie 2 gibt somit für eine jede der berechneten Unterwasserspiegellagen über Schußbodenhöhe y, gleich die gesuchte Eindringungstiefe des Überfallstrahles und damit auch die theoretische Grenzkolktiefe h_t an.

Die Bestimmung der minimalen Grenzlage des Kolkes h'' ist für den praktischen Wasserbau weniger von Bedeutung, weil durch diesen die Standsicherheit eines Wehres nicht gefährdet ist. Auch hier wird die Kenntnis der Zusatzspannung vorausgesetzt. Damit aber ein Übergang vom gewellten in den getauchten Strahl stattfindet, muß es nicht erst zu einem Umkippen der Sprungwelle kommen (vgl. S. 26), denn es genügt, daß die lotrechte Komponente des Stoßdruckes des Überfallstrahles gleich oder größer wird, als der ihr entgegenwirkende statische Druck des Unterwassers, d. h. wenn:

$$2t_o k_o \cos \alpha = \frac{[h'' + (t_o \pm z)]^2}{2} \quad \ldots \ldots \ldots (30)$$

und daraus

$$h'' = \sqrt{4t_o k_o \cos \alpha} - (t_o \pm z) \quad \ldots \ldots \ldots (31)$$

Der Einfallwinkel α ist von der Größe von z abhängig, kann daher, sofern letztere gegeben ist, aus der Fallbahn des Überfallstrahles ermittelt werden.

B. Versuche über die Sohlenauskolkungen bei Wehren mit erhöhtem ebenem Schußboden.

Die Kolkversuche wurden ebenso wie diejenigen über den Abflußwechsel an dem in der 25 cm breiten Spiegelglasrinne eingebauten Schützenwehrmodell ausgeführt (siehe Abb. 6). Der Unterschied bestand lediglich darin, daß die feste Flußsohle durch

eine lose, leicht bewegliche ersetzt wurde. Dies geschah durch Einbringen eines Sand-
bettes, bestehend aus gesiebtem[1]) Sand, dem Normal-Rheinsand des Karlsruher
Laboratoriums, oder weißem, feinkörnigem Quarzsand. Ihre Zusammensetzung nach
der Korngröße ist in Zahlentafel 10 angegeben. Die Länge der Modellflußsohle betrug
jeweils rund 1,80 m bei einem den Rinnenboden gleichen Gefälle von 1 : ∞. Die
Meßvorrichtungen sind aus den bisherigen Angaben bekannt.

Die Untersuchungen sollten vor allen Dingen Aufschluß über die den natürlichen
Verhältnissen entsprechenden Abflußvorgänge geben, zugleich aber auch die Richtigkeit der hier ausgeführten Berechnungen bestätigen. Aus diesem Grunde wurde
besonderes Gewicht darauf gelegt, den Einfluß der Sohlenreibung auf die durch den
getauchten Strahl entstehende Grenzkolktiefe zu klären. Es wurden daher Versuche
ausgeführt:

I. mit gleichbleibender Abflußmenge und Unterwasserspiegellage, jedoch ver-
änderlicher Höhe der Sohle des Unterwasserbettes (Abb. 27, Lichtbildtafel 3).

II. mit gleichbleibender Schußbodenhöhe, jedoch wechselnder Abflußmenge und
Unterwasserspiegellage, dazu ein Versuch auch mit Änderung der Sandsorte (Abb. 29,
Lichtbildtafel 4).

Zum Abfluß konnten nur verhältnismäßig kleine Wassermengen gelangen, weil
ja die zu erwartende Tauchtiefe des Überfallstrahles und damit die Kolktiefe stets
kleiner sein sollte, als die Sandbettiefe bei Schußbodenhöhe von 17,10 cm.

1. Versuchsreihe I.

Bei der ersten Versuchsreihe betrug die Abflußmenge $Q = 3,10$ l/s, die Schützenöffnung $s = 1,5$ cm und die Schußbodenbreite $L = 30$ cm. Der Unterwasserspiegel
wurde, ähnlich wie bei den reinen Abflußversuchen, mit dem Spitzenmaßstab *III*
in einer vom Schußbodenende flußabwärts gemessenen Entfernung von 1,0 m auf die
Höhenlage $y = 1,07$ eingestellt. Letztere ist die kritische Unterwasserspiegellage bei
der Schußbodenhöhe von $h = 10,0$ cm, wenn zu gleicher Zeit die Tiefe des reißenden
Stromes $t_o = 1,07$ cm ist. Theoretisch müßte demnach die maximale Grenzkolktiefe h'
ohne stärkere Reibungsverluste an der Sohle 10 cm erreichen, wenn sowohl die Höhenlage des Unterwasserspiegels als auch diejenige der Energielinie dieselbe ist wie bei
den Versuchen mit fester Flußsohle. Für die Kolkversuche 2—5 wurde das aus Sand
hergestellte Flußbett der Reihe nach um 2, 4, 6 und 8,5 cm unter der Höhe der befestigten Schußbodenplatte angeordnet. Bei sämtlichen Versuchen wurde das Wasser
30 Minuten lang durch das Modell geleitet. Die Ausgestaltungen der Flußsohle sind
für diese Versuche auf Abb. 26 dargestellt. Die beobachteten größten Kolke (vgl.
Zahlentafel 9) erreichten bei diesen Versuchen eine Tiefe von 7,82 bis 10,3 cm unter
der Höhe der Schußbodenplatte.

Die Mittelwerte der gemessenen Kolktiefen ergaben die in Abb. 27 aufgetragene
Linie *a*. Daraus geht hervor, daß die beim getauchten Strahl eintretende Kolktiefe
gegenüber der aus der Wasserspiegellage ermittelten bzw. berechneten theoretischen
Grenzkolktiefe von $h_t = 10$ cm mit abnehmender Schwellenhöhe eine erhebliche Verringerung erfährt. Linie *a* gibt die Abweichung gleich in % an. Bei $h = 2$ cm z. B.
beträgt der Mittelwert aus 14 Beobachtungen 8,49 cm und damit die Abweichung
15,1%.

Die Erklärung hierfür ergibt sich, wenn berücksichtigt wird, daß die Energielinienlage bei wechselnder Unterwassertiefe gleichfalls Schwankungen ausgesetzt ist.

---

[1]) Maschenweite 3 mm.

Sohlenauskolkungen bei wechselnden Abflußarten. Versuchsreihe I.

Kolkversuch 1. Flußsohle auf Schußbodenhöhe.

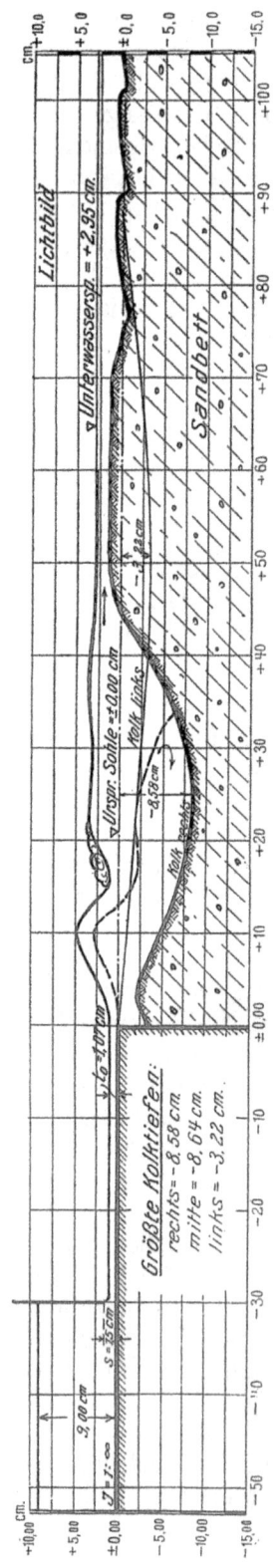

Kolkversuch 2. Flußsohle 2 cm unter Schußbodenhöhe.

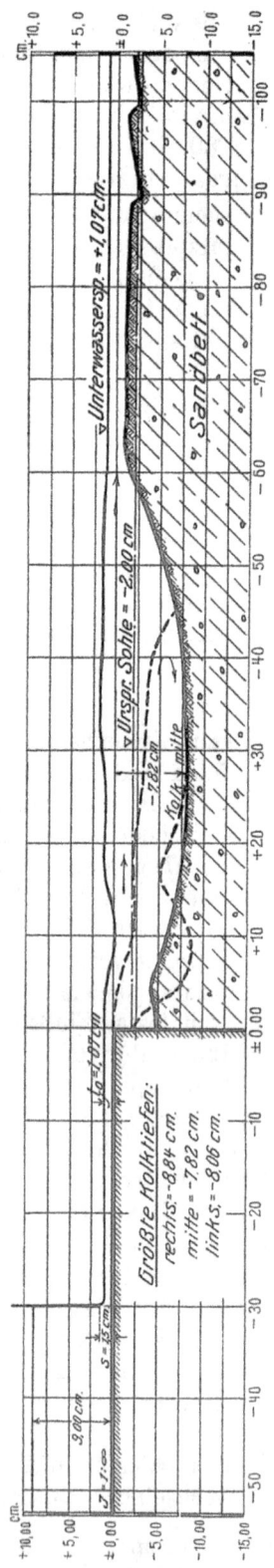

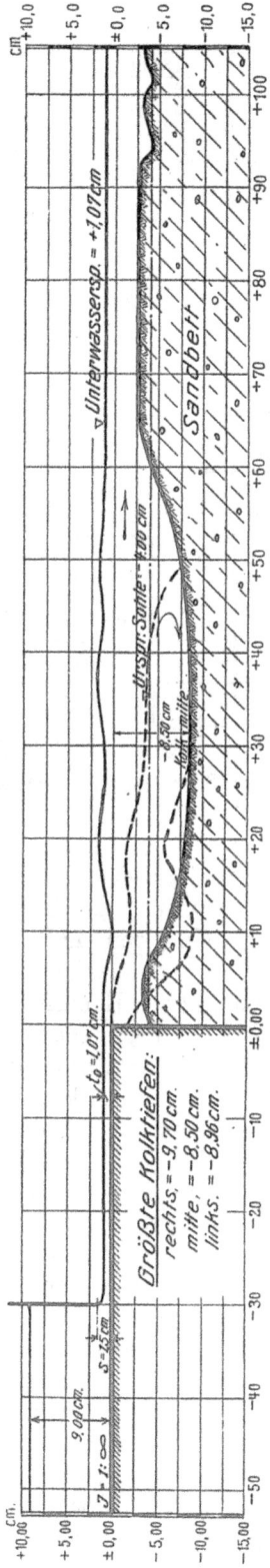

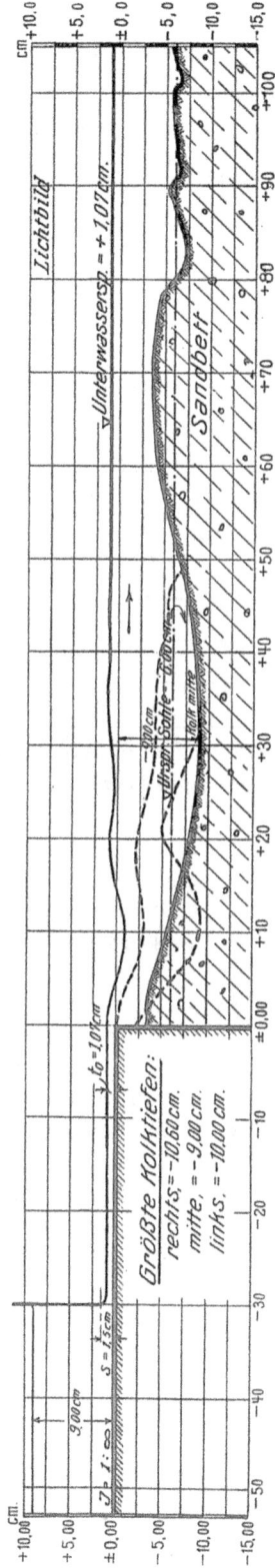

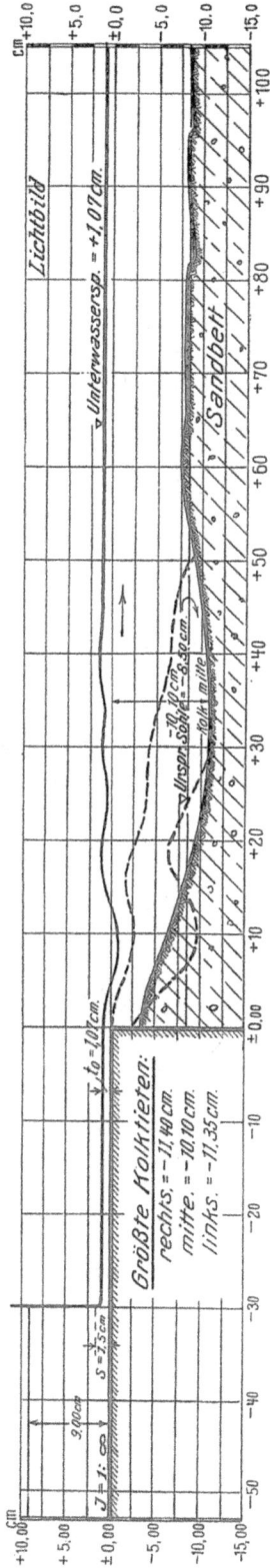

Abb. 27. Versuche an einem Schützenwehrmodell mit waagrechtem Schußboden von 30 cm Breite und 25 cm Länge. Flußbett aus Normal-Rheinsand, Sohlenauskolkungen bei verschiedener Höhenlage der Flußsohle zur Schußbodenplatte und einer Abflußmenge von 3,1 l/s. Abflußdauer von jeweils 30 min. (vgl. Tafel 3).

Zahlentafel 9.

Nº	Kolkversuch 2. Tauchtiefe des Strahles	Zeitdauer des gewellten Strahles	getauchten Strahles	Kolkversuch 3. Tauchtiefe des Strahles	Zeitdauer des gewellten Strahles	getauchten Strahles	Kolkversuch 4. Tauchtiefe des Strahles	Zeitdauer des gewellten Strahles	getauchten Strahles	Kolkversuch 5. Tauchtiefe des Strahles	Zeitdauer des gewellten Strahles	getauchten Strahles
1	7,2 cm.	38 sek.	7 sek.	9,0 cm.	30 sek.	5 sek.	9,0 cm	76 sek.	7 sek.	9,4 cm.	165 sek.	8 sek.
2	7,0 "	34 "	5 "	8,8 "	45 "	5 "	9,8 "	90 "	12 "	9,8 "	182 "	10 "
3	8,2 "	45 "	8 "	8,9 "	40 "	7 "	9,3 "	96 "	13 "	10,3 "	215 "	12 "
4	8,0 "	43 "	7 "	9,4 "	56 "	12 "	9,6 "	105 "	10 "	10,0 "	235 "	6 "
5	8,5 "	48 "	12 "	9,0 "	64 "	8 "	10,0 "	127 "	16 "	9,8 "		7 "
6	9,0 "	63 "	15 "	7,5 "	85 "	5 "	9,4 "	110 "	12 "			
7	8,6 "	52 "	10 "	9,6 "	95 "	13 "	10,2 "	134 "	14 "			
8	9,0 "	65 "	8 "	9,0 "	98 "	12 "	9,4 "	150 "	9 "			
9	8,4 "	72 "	10 "	9,3 "	106 "	11 "	9,7 "		11 "			
10	8,7 "	58 "	13 "	9,5 "	115 "	16 "						
11	9,0 "	76 "	7 "	9,7 "		13 "						
12	9,5 "	84 "	11 "									
13	8,8 "	79 "	7 "									
14	9,0 "		8 "									

Beobachtungszeit = 14,75 min. | Beobachtungszeit = 14,01 min. | Beobachtungszeit = 16,43 min. | Beobachtungszeit = 14,00 min.

Mittlere Tauchtiefe = 8,49 cm. | Mittlere Tauchtiefe = 9,06 cm. | Mittlere Tauchtiefe = 9,6 cm. | Mittlere Tauchtiefe = 9,86 cm.

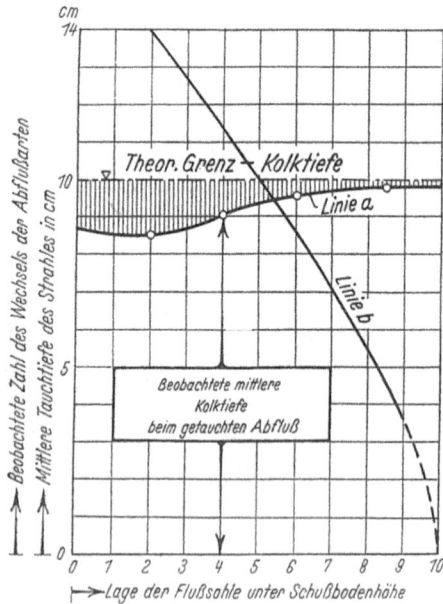

Abb. 25. Graphische Auftragung der Beobachtungswerte bei der Versuchsreihe I nach Zahlentafel 9.
Einfluß der Flußsohlenlage auf die Kolktiefen beim
getauchten Strahl. Die Zahl der Abflußänderungen
während der Beobachtungszeit von ∼ 14 min.

Dadurch, daß $h < h_t$, für den vorliegenden Fall also kleiner als 10 cm ist, so nimmt die Unterwassertiefe an der Meßstelle (Spm. *III*) um $\Delta t = h_t — (h + y)$ ab. Damit erfolgt aber gleichzeitig auch eine Hebung der Energielinie und des oberhalb der Meßstelle liegenden Wasserspiegels. Diese Hebung der Energielinie wird durch die dem Kolkraum folgende Auflandung noch vermehrt. Nach den Versuchsergebnissen in Abb. 24 bedeutet aber bei der flachen Krümmung der Linie d—, die in der graphischen Auftragung der Versuchswerte, bei der Schützenöffnung $s = 1,5$ cm ganz ähnlich verläuft — eine Schwankung in der Höhenlage des Unterwasserspiegels um nur 1 mm, schon eine Änderung der Tauchtiefe des Überfallstrahles und damit der Kolktiefe von 5 %. Man hätte daher den Unterwasserspiegel entweder noch innerhalb der Strecke, in welcher der Abflußwechsel erfolgt war, auf die kritische Lage. d. h. auf $h = 1,07$ cm einstellen sollen, oder aber den Unterwasserspiegel an der Meßstelle bei Spm. *III* soweit ändern müssen, daß die Energielinienlage gerade derjenigen, bei den Abflußversuchen mit fester Flußsohle entsprochen hätte. Das war bei kleinen Schwellenhöhen wegen der andauernden Umgestaltung der Flußsohle nicht gut möglich. Anderseits aber kam durch die Aufladung hinter den Kolk und die damit verbundene Querschnittseinengung das Unterwasser bereits zum Schießen. Eine weitere Senkung des Unterwasserspiegels bei Spm. *III* wäre demnach auf den Wasserspiegel oberhalb der Übergangsstelle ohne Einfluß gewesen.

Daß die Sohlenreibungen auf die Kolktiefe bei unterem Abfluß nur einen geringen Einfluß haben, dafür kann Kolkversuch 5 als Beweis angeführt werden. Bei der Schwellenhöhe von 8,5 cm, d. h. bei $h > h''$ konnte der Abflußwechsel vom gewellten in den getauchten Strahl erst dann eintreten, als an der Übergangsstelle, durch die aufwärts gerichtete Sohlenströmung der Grundwalze, die Auflandung der Flußsohle h'' erreicht hatte. Nach den Beobachtungen betrug h'' annähernd 5 cm unter Schußbodenhöhe. Der getauchte Strahl war damit ebenso den Sohlenreibungen ausgesetzt, als dies vorher bei kleineren Schwellenhöhen der Fall war. Vorausgesetzt daher, daß die Energielinienlage derjenigen beim Abfluß an fester Flußsohle mit $h = 10$ cm entsprach, so wäre die Abweichung von 1,4 % der gemessenen von der theoretischen Kolktiefe in der Tat dem Einfluß der Sohlenreibungen zuzuschreiben.

2. Versuchsreihe II.

Die zweite Versuchsreihe wurde mit verschiedenen Abflußmengen und Schützenöffnungen ausgeführt, wobei der Schußboden jeweils um 5,0 cm über der Flußsohle lag. Der Unterwasserspiegel wurde in derselben Entfernung wie vorher stets so eingestellt, daß die kritische Wasserspiegellage für den oberen Abfluß bei einer Schuß-

Zahlentafel 10.

N⁰	Kolkversuch 6.			Kolkversuch 7.			Kolkversuch 8.			Kolkversuch 9.			Kolkversuch 10.			Zusammensetzung des Sandes nach Korngröße in %
	Tauchtiefe	gewellten Strahles	getauchten Strahles	Tauchtiefe	gewellten Strahles	getauchten Strahles	Tauchtiefe	gewellten Strahles	getauchten Strahles	Tauchtiefe	gewellten Strahles	getauchten Strahles	Tauchtiefe	gewellten Strahles	getauchten Strahles	
1	9,2 cm	12 sek.	3 sek.	9,3 cm	8 sek.	3 sek.	10,0 cm	3 sek.	5 sek.	9,6 cm	32 sek.	4 sek.	10,0 cm	70 sek.	7 sek.	Normal-Rheinsand
2	9,6 "	12 "	4 "	9,6 "	12 "	6 "	9,6 "	7 "	3 "	10,0 "	47 "	3 "	3,8 "	115 "	12 "	⌀ mm	%
3	9,3 "	42 "	8 "	9,0 "	7 "	5 "	9,0 "	6 "	9 "	9,0 "	110 "	6 "	0,0 "	210 "	10 "	10,30	2,03
4	9,6 "	60 "	9 "	10,0 "	26 "	12 "	9,7 "	10 "	10 "	10,0 "	200 "	8 "	9,3 "	373 "	14 "	0,6-1,0	5,07
5	9,8 "	110 "	7 "	9,8 "	45 "	10 "	9,3 "	26 "	8 "	9,4 "	170 "	5 "	9,2 "	430 "	9 "	0,4-0,6	25,40
6	8,0 "	105 "	8 "	9,2 "	30 "	7 "	10,0 "	45 "	12 "	9,0 "	210 "	6 "	9,0 "		10 "	0,2-0,4	55,30
7	9,0 "	150 "	12 "	8,0 "	60 "	12 "	9,0 "	30 "	7 "	10,0 "	190 "	11 "				unter 0,2	12,20
8	9,6 "	170 "	9 "	9,0 "	80 "	10 "	9,0 "	55 "	8 "	9,3 "		8 "					
9	9,2 "	155 "	7 "	10,0 "	75 "	16 "	9,3 "	40 "	12 "								
10	9,0 "	175	10 "	8,5 "	90 "	11 "	10,0 "	67 "	16 "							Weißer Quarzsand
11	9,4 "			9,0 "	130 "	14 "	9,6 "	75 "	12 "							⌀ mm	%
12				9,0 "	115 "	10 "	9,2 "	55 "	10 "							0,6-1,0	0,7
13				9,3 "	125 "	18 "	9,3 "	85 "	4 "							0,4-0,6	5,37
14				9,0 "	140 "	9 "	9,0 "	76 "	8 "							0,2-0,4	37,80
15				9,2 "		12 "	9,7 "	82 "	13 "							0,1-0,2	47,20
16							9,3 "		10 "							unter 0,1	8,93

Beobachtungszeit 16,23 min. Mittl. Tauchtiefe 9,24 cm.	Beobachtungszeit 18,30 min. Mittl. Tauchtiefe 9,2 cm.	Beobachtungszeit 13,25 min. Mittl. Tauchtiefe 9,4 cm.	Beobachtungszeit 17,50 min. Mittl. Tauchtiefe 9,5 cm.	Beobachtungszeit 21,0 min. Mittl. Tauchtiefe 9,4 cm.

Sohlenauskolkungen bei wechselnden Abflußarten. Versuchsreihe II.

Kolkversuch 6. Q = 3,7 l/s, s = 2,0 cm. Unterwasserspiegel auf ! : y = 1,36 cm.

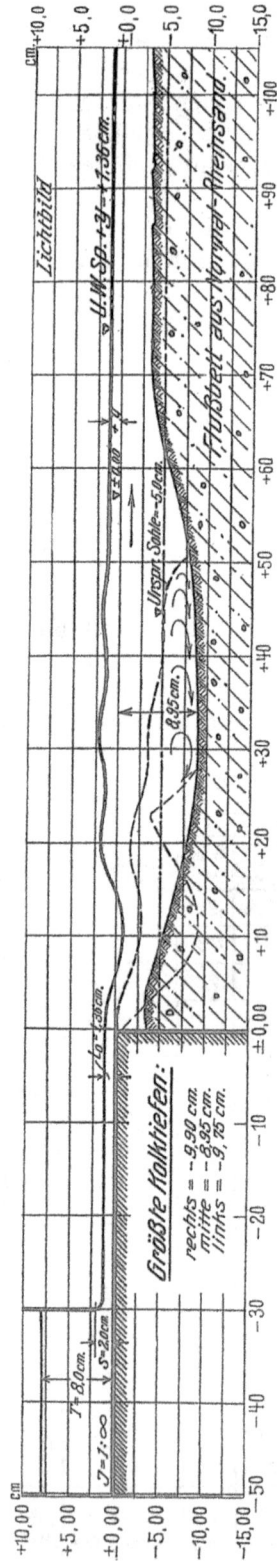

Kolkversuch 7. Q = 2,5 l/s, s = 1,0 cm. Unterwasserspiegel auf + y = 0,76 cm.

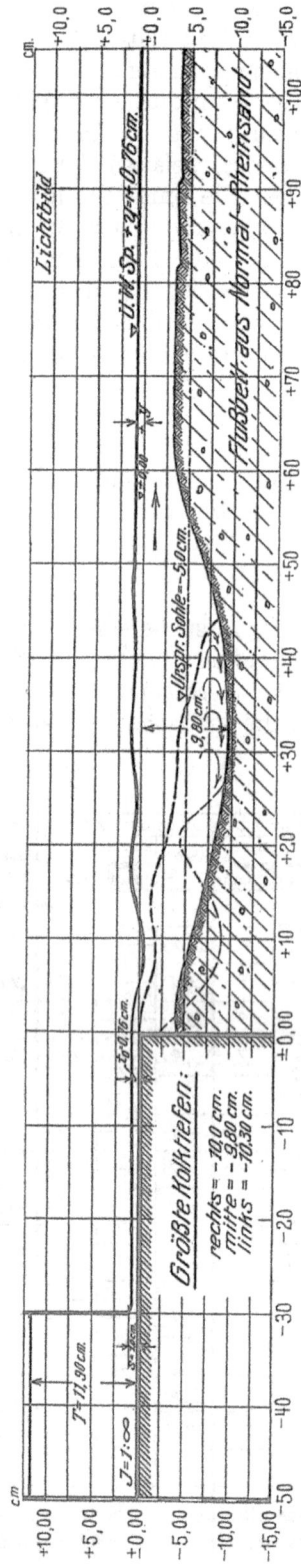

Kolkversuch 8. Q = 3,1 l/s, s = 1,0 cm. Unterwasserspiegel auf + y = 1,52 cm

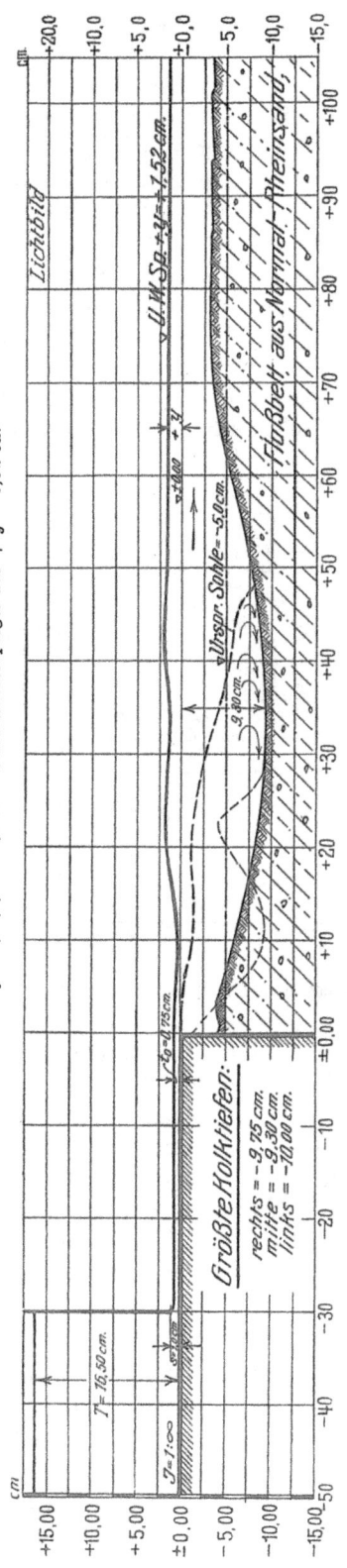

Kolkversuch 9. Q = 4,9 l/s, s = 3,0 cm. Unterwasserspiegel auf + y = 2,06 cm.

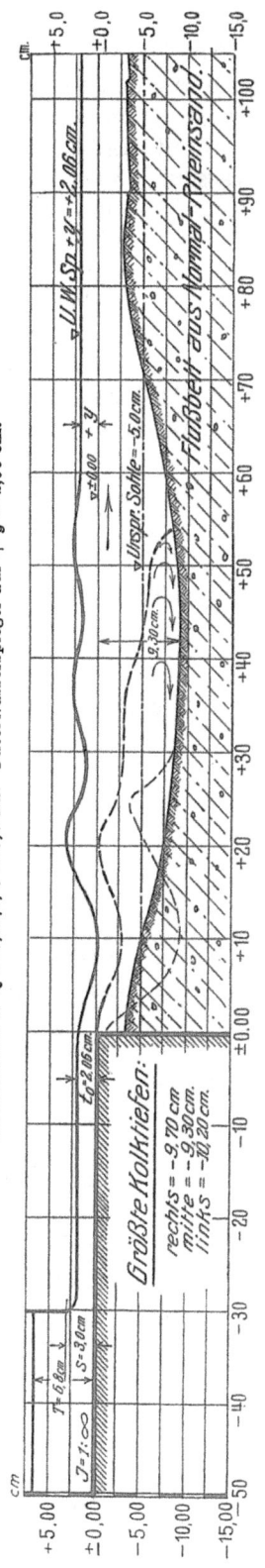

Kolkversuch 10. Q = 3,1 l/s, s = 1,5 cm. Unterwasserspiegel auf + y = 10,7 cm.

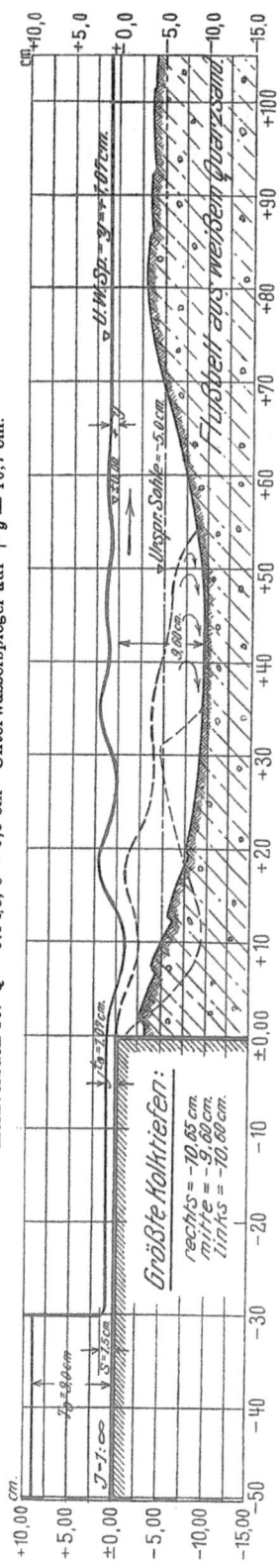

Abb. 29. Versuche an einem Schützenwehrmodell mit waagrechtem Schußboden von 30 cm Breite und 25 cm Länge. Sohlenauskolkungen bei verschiedenen Abflußmengen und Schützöffnungen. Abflußdauer 30 min. Flußsohle 5 cm unter der Höhe der Schußbodenplatte angeordnet (vgl. Tafel 4).

bodenhöhe von 10 cm gerade erreicht war (vgl. Abb. 29). Vergleichshalber wurde Kolkversuch 10 noch mit einer feinkörnigen Sandsorte ausgeführt.

Die Versuchsergebnisse sind zusammenfassend in Zahlentafel 10 enthalten und in Abb. 28 graphisch aufgetragen. Hier beträgt bei Versuch 7 die aus 15 Beobachtungen ermittelte Grenzkolktiefe 9,2 cm. Damit ergibt sich eine Abweichung von 8 %. Diese Abweichung ist wohl neben der Wasserspiegelerhöhung innerhalb der Strecke des Abflußwechsels auch der kleineren Abflußmenge zuzuschreiben. Bei $Q = 0$ l/s ist natürlich auch die Kolktiefe gleich 0. Die Linie a der mittleren Kolktiefen in Abb. 28 wurde deshalb auch von 0 ausgehend eingezeichnet. Der vermutlich rasch ansteigende Bogen und die darauf folgende Gerade mit flacher Neigung deutet darauf hin, daß die Abflußmenge für eine bestimmte theoretische Grenzkolktiefe nach unten hin begrenzt ist. Mit anderen Worten: Bei der Schußbodenhöhe $h = h_t$ ist ein unterer Abfluß nur dann möglich, wenn die Abflußmenge gleich oder größer ist, als die bei der fraglichen Absturzhöhe und Unterwasserspiegellage beobachtete Grenzabflußmenge.

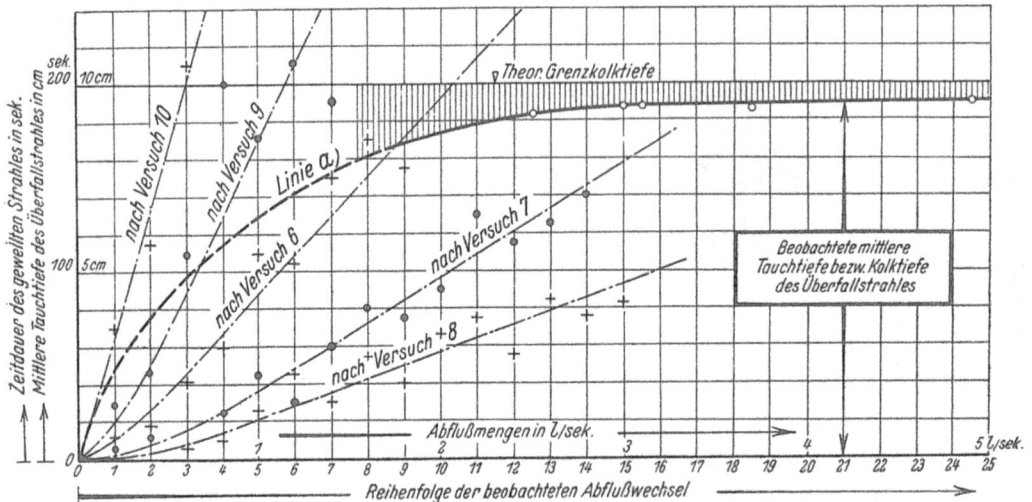

Abb. 28. Graphische Auftragung der Beobachtungswerte bei Versuchsreihe II nach Zahlentafel 10.

Der Kolkversuch Nr. 10 mit einem Flußbett aus feinkörnigem, weißem Quarzsand weist gegenüber den anderen Versuchen (vgl. Abb. 29, Zahlentafel 10) nur insofern einen Unterschied auf, als die Zeitdauer zweier aufeinander folgender Abflußänderungen rascher zunimmt, weil die Flußsohle infolge des leicht beweglichen Materials, früher ausgespült und abgetragen wird. Der Einfluß der Sohlenreibung auf die Kolktiefe ist auch hier kaum merkbar. Die Frage, warum überhaupt die Reibungsverluste auf den Abflußwechsel so wenig Einfluß haben, kann damit beantwortet werden, daß dieser hauptsächlich von den Druckänderungen im Unterwasser abhängig ist (vgl. S. 32).

3. Zusammenfassung der Beobachtungen.

Der Abflußvorgang gestaltete sich bei all den hier angeführten Kolkversuchen in der bereits auf S. 33 geschilderten Weise, wie das auch die Lichtbilder der Tafel 3 und 4 deutlich erkennen lassen. Zahlentafeln 9 und 10 enthalten nebst der Kolktiefe auch die bei den Abflußänderungen beobachtete Zeitdauer der einzelnen Abflußarten. Die Dauer des gewellten Abflusses ist bei gleichbleibender Abflußmenge wesentlich abhängig von der Lage der Flußsohle unter Schußbodenhöhe. Bei der Schußbodenhöhe $h < h''$ trat bekanntlich der Abflußwechsel gleich bei Beginn des Versuches ein, während bei $h > h''$ ein Übergang in den unteren Abfluß erst dann möglich war, wenn durch die aufwärts gerichtete Sohlenströmung der Grundwalze die Auflandung am Ende des Wehres die Sohlenlage h'' erreicht hatte. Die Zahl der Abflußänderungen innerhalb derselben Zeitdauer (Zahlentafel 9) ist dementsprechend auch geringer. In Abb. 26 ist dies durch die Linie b veranschaulicht. Die Beobachtungszeit bei Versuchsreihe I von kaum mehr als 14 Minuten rührt daher, daß die zweite Hälfte der Versuchszeit hauptsächlich zu photographischen Aufnahmen verwendet wurde.

Die Zahlenwerte der Abflußzeiten des getauchten Strahles in Zahlentafel 9 und 10 zeigen deutlich, daß diese, mit Ausnahme derjenigen zu Beginn, sich mehr oder weniger gleichmäßig wiederholen. Nicht so bei dem gewellten Strahl, denn je länger der Abfluß dauert, um so größer wird die Zeitspanne zwischen zwei Abflußänderungen (vgl. Abb. 28). Die Erklärung hierfür gibt der oben angedeutete Abflußvorgang. Durch den getauchten Strahl wird zunächst der Flußboden gleich unterhalb des Bauwerkes ganz tief aufgewühlt. Das ausgespülte Material wandert teils flußabwärts, teils wird es nach erfolgtem Abflußwechsel von der Sohlenströmung der sich bildenden Grundwalze wieder erfaßt und zurückgeführt. Je mehr Material auf diese Weise flußabwärts wandert, um so länger dauert es, bis die Flußsohle an der Übergangsstelle wieder die Lage h'' erreicht hat, so daß ein neuer Wechsel des Strahlbildes erfolgen kann. Die Zahl der Abflußänderungen innerhalb derselben Beobachtungszeit ist daher auch von der Größe der Abflußmenge — bzw. der Abflußgeschwindigkeit — abhängig. Nimmt die Abflußmenge zu, so wächst bei derselben Ausflußöffnung auch die Abflußgeschwindigkeit und damit die Schleppkraft des Stromes, infolgedessen wird auch die Flußsohle in erhöhtem Maße angegriffen. Beim oberen Abfluß geschieht das durch die unterhalb des gewellten Strahles sich bildenden Grundwalze oft in ganz bedeutender Länge.

Die Länge dieser Kolke (vgl. Abb. 27 und 29) ist meistens größer als die Länge der Grundwalze, innerhalb der sich bekanntlich die Energievernichtung vollzieht. Größere Abflußgeschwindigkeiten verursachen in der Grundwalze stets heftige Wirbelbildungen, die sich in spiralförmigen Bahnen, entweder um eine waagrechte oder um eine lotrechte Achse bewegen. Wirbelbildungen mit lotrechter Achse sind darauf zurückzuführen, daß durch die seitlichen Begrenzungen des Stromes, die durch eine feste Wand oder aber durch eine Seitenwalze gebildet sein können, die Wasserfäden an den Rinnenwänden gegenüber denjenigen in der Strommitte zurückbleiben. Es bildet sich dabei eine Grenzschicht, von der sich dann einzelne Wirbelfäden loslösen. Diese tragen zur Vertiefung des Kolkraumes wesentlich bei, in dem sie den Flußboden aufwirbeln bzw. auflockern. Die leichteren Bestandteile des losen Materials werden von dem eigentlichen Strom erfaßt und abgeführt, die gröberen Bestandteile dagegen bleiben an der Sohle und werden durch die Grundwalze flußaufwärts getrieben.

Je stärker aber die Flußsohle abgetragen wird, um so größer wird die Schnittfläche der Grundwalze, die Grundströmung und Wirbelbildung dagegen um so geringer. Daraus folgt, daß die Kolktiefe bei dieser Art des Abflusses ebenfalls begrenzt ist. Die Grenze wird allerdings erst dann erreicht sein, wenn die Schleppkraft der Sohlenströmung in der Grundwalze nicht mehr imstande ist, das Bodenmaterial zu bewegen.

Trotzdem der Kolk, der hierbei entsteht, in den meisten Fällen, wie auch bei den angeführten Versuchen, eine größere Tiefe aufweist als beim unteren Abfluß, so ist dadurch die Standsicherheit des Wehres bei weitem nicht in dem Maße gefährdet als durch letzteren. Denn die größte Kolktiefe liegt meistens in einer größeren Entfernung vom Bauwerk. Dazu kommt noch, daß an der Stelle der Grenzkolktiefe h' eher eine Auflandung als ein Kolk entsteht.

Bei den Schußbodenhöhen bis zu 5 cm, also noch nahe an der kritischen Sohlenlage h'', wurde der Abflußwechsel am Beginn der Versuche noch von einer weiteren Erscheinung, nämlich von Schwallbildungen begleitet (vgl. Versuch 9, Lichtbild 14). Die Ursache hierfür ist wohl darin zu suchen, daß von dem Augenblick an, in dem der Schußstrahl untertaucht und sich im Flußboden einen Kolk ausspült, die abfließende Wassermenge, an der unterhalb liegenden Flußstrecke für eine, wenn auch nur ganz kurze Zeitdauer, geringer ist, dagegen beim Eintritt des oberen Abflusses durch das rasche Fortreißen der Deckwalze etwas mehr Wasser abfließt, als dies normalerweise nach erfolgtem Abflußwechsel der Fall ist. Dieser stoßweise Abfluß muß naturgemäß im Flußlauf zu Anstauungen, d. h. Schwallbildungen führen. Je gleichmäßiger sich die Wasserführung gestaltet, um so mehr verschwinden auch die Schwallerscheinungen. Im Modell war nach 1—2 Minuten davon nichts mehr zu beobachten.

Die anfangs kürzere Zeitdauer des unteren Abflusses (vgl. Zahlentafel 10) ist auf dieselbe Erscheinung zurückzuführen, denn sobald der positive Schwall an der Wechselstelle des Strahlbildes ankam, mußte der Strahl infolge des erhöhten Unterwasserspiegels, obwohl die Grenzkolktiefe h' noch nicht erreicht war, sich an die Oberfläche begeben. Diese Feststellung stimmt mit den Beobachtungen, die H. Roth[1]) in der Natur an bestehenden Stauwehren ausgeführt hat, vollkommen überein. Durch das »periodische Auf- und Abschwellen der Flüsse« kann also in der Tat besonders bei erhöhter Wehrschwelle ein Abflußwechsel eintreten. Nach den Versuchserfahrungen wird man aber ebensogut auch sagen können, daß der in kurzer Zeit aufeinanderfolgende Wechsel in der Abflußart zu Schwallbildungen führt.

An dieser Stelle soll noch erwähnt werden, daß ein Abflußwechsel auch bei gleichbleibender Unterwasserspiegellage und fester unveränderlicher Sohle möglich ist und zwar, wenn im Unterwasser an der Übergangsstelle Druckschwankungen auftreten. Diese werden durch Unstetigkeiten am Sturzboden hervorgerufen. Eine solche Unstetigkeit ist die plötzliche Einengung des Abflußquerschnittes etwa in Form einer eingebauten größeren Endschwelle oder eine plötzliche Vertiefung am Schußboden.

Diese eigenartige Erscheinung wurde zuerst von Th. Rehbock im Handbuch der Ing. Wissenschaften[2]) im Kapitel über feste Wehre auf Grund von Modellversuchen im Karlsruher Flußbaulaboratorium für ein Wehr mit vertieftem Sturzboden besprochen und zeichnerisch dargestellt.

Ein ähnlicher Fall wurde bei den Versuchen an einem 12 m hohen Schußwehr im Maßstab 1:25 festgestellt. Mit Ausnahme der Vertiefung am Schußboden zeigte die Sohle keinerlei Unstetigkeit. Aus Lichtbild 15 und 16 ist deutlich zu sehen, wie der Schußstrahl bei einer Abflußmenge von $Q = 10,6$ l/s und einer Unterwassertiefe von 8,8 cm über die Vertiefung hinwegspringt, dann aber wieder zum Teil an der vertieften Sohle von 21,9 cm Breite abfließt und vor einer Deckwalze vollständig überlagert ist. Dabei zeigt sich ein Pendeln des Strahlbildes sowohl in vertikaler als horizontaler Richtung, und zwar jeweils innerhalb 9,5 Sekunden. Die Erklärung hierfür ist die,

[1]) H. Roth, Kolkerfahrungen und ihre Berücksichtigung bei der Ausbildung beweglicher Wehre. SBZ. 1917, Seite 112.

[2]) Literaturverzeichnis Nr. 11.

daß die aus der Strahltiefe $t_o = 0,85$ cm berechnete Unterwassertiefe $t_u' = 9,94$ cm größer war, als die tatsächlich vorhandene Unterwassertiefe von $t_u = 8,8$ cm. Ein Wechselsprung mit freier Deckwalze kann sich daher an der Stelle vor der Vertiefung noch nicht bilden. Fließt aber der Strahl über die Vertiefung oben hinweg, so entsteht unterhalb ein Unterdruck, wodurch der Strahl, infolge des größeren Atmosphärendruckes, sich an die vertiefte Sohle begibt. Damit ist aber die berechnete Sprunghöhe $t_u' = 9,94$ cm durch die Vertiefung von $h = 2,46$ cm bereits überschritten. Es wird also $t_u' = 9,94 < (t_u + h) = 11,26$ cm, folglich ist der Abflußwechsel nur unter Bildung einer Deckwalze möglich. Wird die Vertiefung als ein Sohlenabsturz betrachtet, so ist bei der Unterwasserspiegellage $y = t_u = 8,8$ cm ein getauchter Strahl auch wieder nicht möglich, da der Druck unterhalb des Schußstrahles diesen aufwärts hebt. Sobald der Unterwasserspiegel auf die Grenzsprunghöhe gestaut wird, hört auch das Wechselspiel in der Abflußweise gänzlich auf.

C. Einfluß der Unterwasserspiegellage auf die Sohlenauskolkungen bei Wehren mit ebenem auf Flußsohlenhöhe liegendem Schußboden.

Aus dem ersten Teil der vorliegenden Arbeit sind als Abflußarten beim Fließwechsel vom Schießen zum Strömen, der reine Wechselsprung, der Wechselsprung mit freier und mit gestauter Deckwalze bekannt. Wie die Abflußarten sind auch die unterhalb eines Wehres entstehenden Kolkbildungen von der Lage des Unterwasserspiegels abhängig. Um das festzustellen, wurden die nachstehenden Versuche mit beweglichem Flußboden aus Normal-Rheinsand ausgeführt. Schußboden und Flußsohle befanden sich auf gleicher Höhe. Die Schützenöffnung betrug jeweils 1,5 cm.

1. Sohlenauskolkungen bei der Abflußart des reinen Wechselsprunges.

Zuerst soll der Versuch mit $Q = 3,10$ l/s erwähnt werden, bei welchem der Unterwasserspiegel die bei der rauhen Sohle noch mögliche tiefste Lage von $+ 2,95$ cm über Schußbodenhöhe einnahm (vgl. Abb. 27 und Kolkversuch 1). Damit war bekanntlich die Grenztiefe $\frac{4}{3} t_{gr} = \frac{4}{3} \cdot 2,48 = 3,32$ cm noch nicht erreicht, folglich konnte der Übergang nur durch einen reinen Wechselsprung stattfinden. Dieser stellte sich, im Gegensatz zu jenem bei fester Flußsohle, gleich am Ende des 30 cm breiten Schußbodens ein, und zwar in der ganzen Rinnenbreite auf gleicher Höhe, da auf der kurzen Strecke die Wandreibungen auf das Abflußbild nur geringen Einfluß hatten. Bei größerer Entfernung der Übergangsstelle dagegen war, z. B. bei den Versuchen mit fester Flußsohle, der Sprung meistens nur in der Flußmitte bemerkbar (vgl. Lichtbild 2). Hinter dem Sprung fiel bei Versuch 1 der Strahl bereits noch geschlossen und mit bedeutender Geschwindigkeit in das Unterwasser (vgl. Lichtbild 7). Dadurch entstand an der unbefestigten Sohle ein ziemlich tiefer Kolk, der sich flußabwärts allmählich ausdehnte. Annähernd läßt sich die Kolktiefe auch berechnen, wenn angenommen wird, daß diese mit der Eindringungstiefe eines geschlossenen Strahles $\left(\frac{v^2}{g}\right)$ in einem Wasserbecken übereinstimmt.

Im vorliegenden Fall war $Q = 3,10$ l/s, $t_u = 2,95$ cm, $t_o = 1,07$ cm und die Geschwindigkeitshöhe $k_o = \left(\frac{v_o^2}{2g}\right) = 6,85$ cm. Die Geschwindigkeit in der Sprungwelle beträgt somit: $v = \sqrt{2g(k_o - t_u)} = 4,429 \sqrt{0,0390} = 87,5$ cm/s und daher die Kolktiefe $\frac{v^2}{g} = 7,97$ cm.

Sohlenauskolkungen bei der Abflußart des Wechselsprunges mit freier Deckwalze.

Kolkversuch 11. Schlußbodenbreite = 30 cm ohne Endschwelle.

Kolkversuch 12. Schlußbodenbreite = 25 cm ohne Endschwelle.

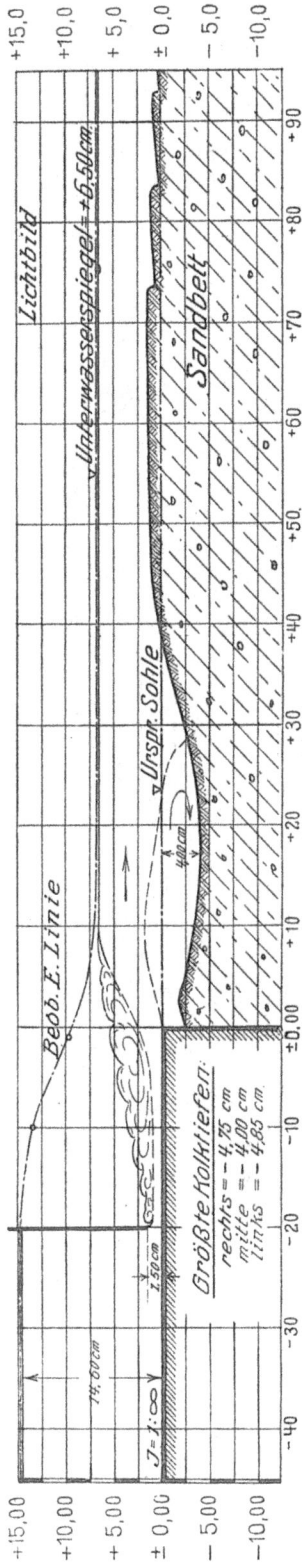

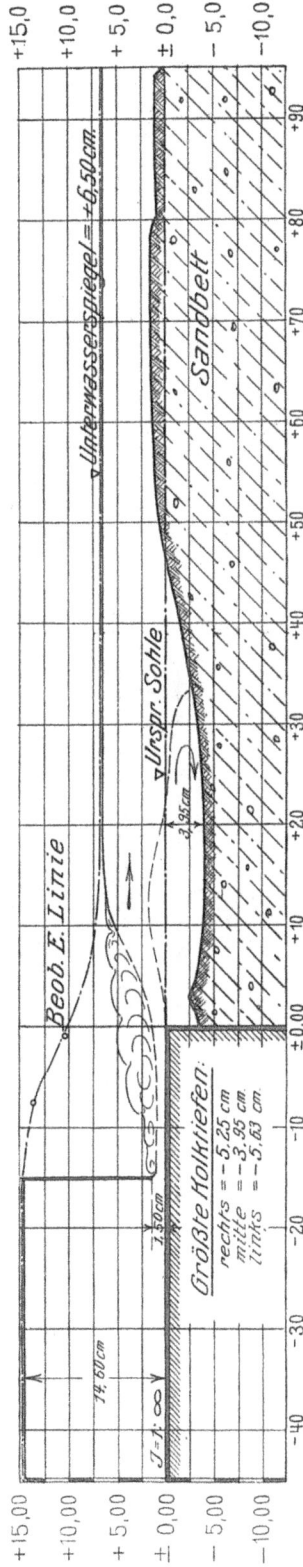

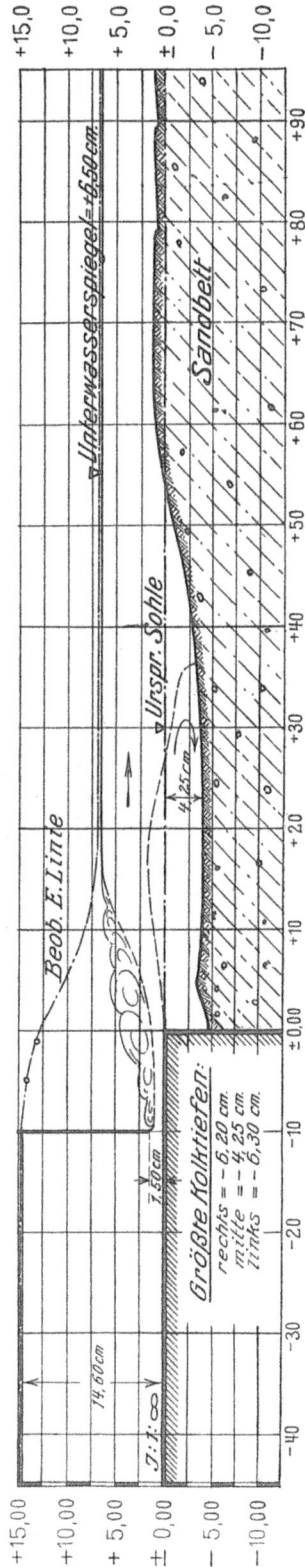

Abb. 30. Versuche an einem Schützenwehrmodell mit waagrechtem Schußboden von verschiedener Breite und 25 cm Länge. Abflußmenge Q = 4,0 l/s. Flußbett aus Normal-Rheinsand. Abflußdauer 30 min. Unterwasserspiegel jeweils in der Grenzlage t_{wf}. Einfluß der Schußbodenbreite auf die Sohlenauskolkungen (vgl. Tafel 5).

Sohlenauskolkungen bei der Abflußart des gestauten Wechselsprunges.

Kolkversuch 16. Grenzlage des Kolkes bei getauchtem Strahle.

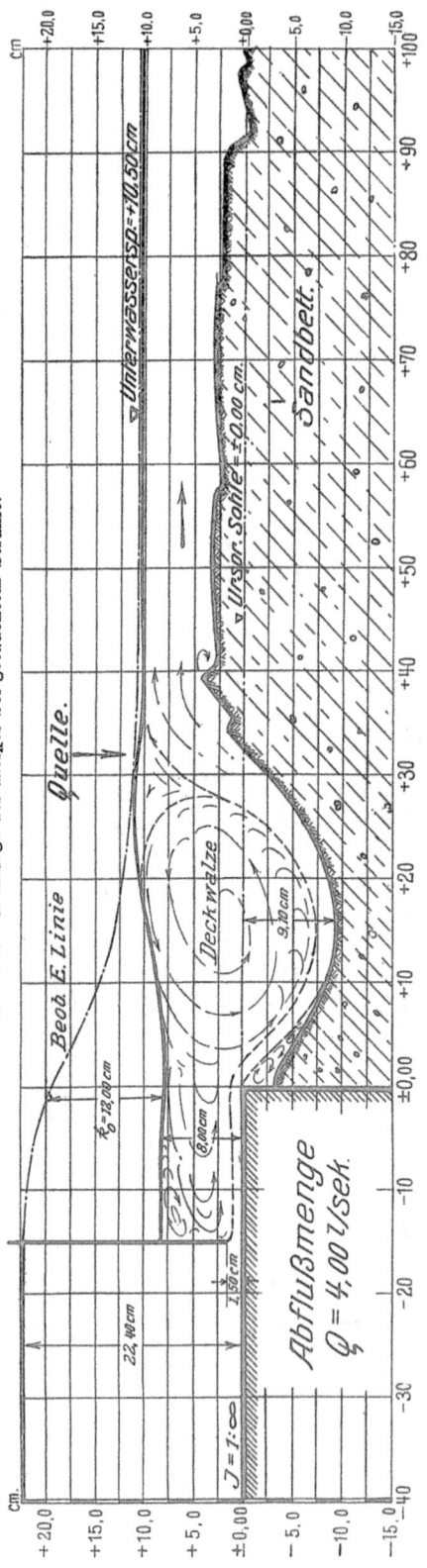

Kolkversuch 16. Grenzlage des Kolkes bei gehobenem Strahle.

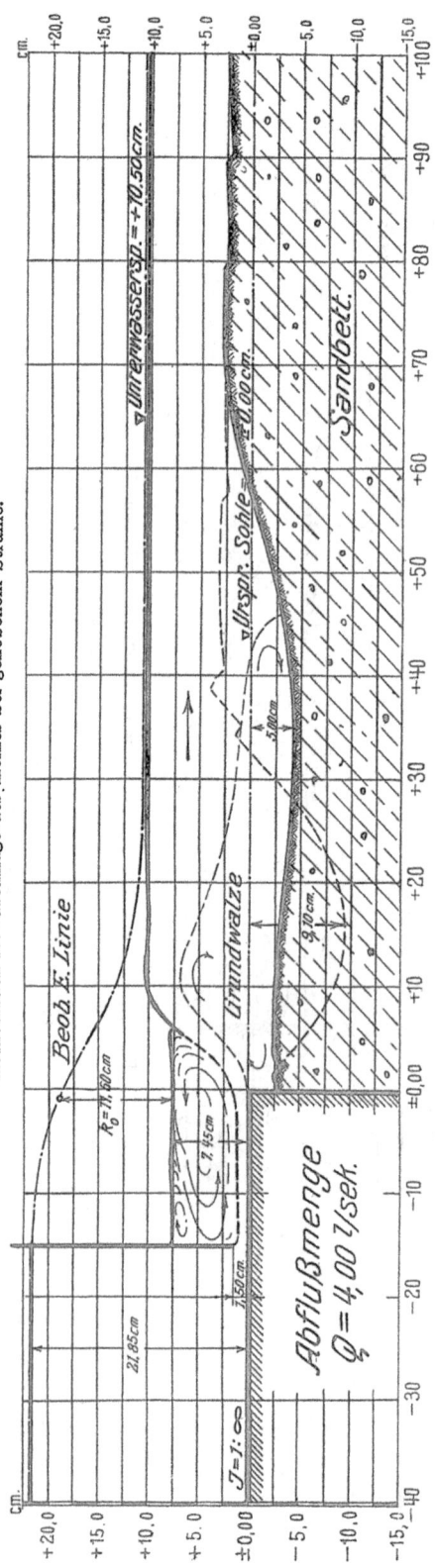

Kolkversuch 17. Grenzlage des Kolkes nach erfolgtem Abflußwechsel.

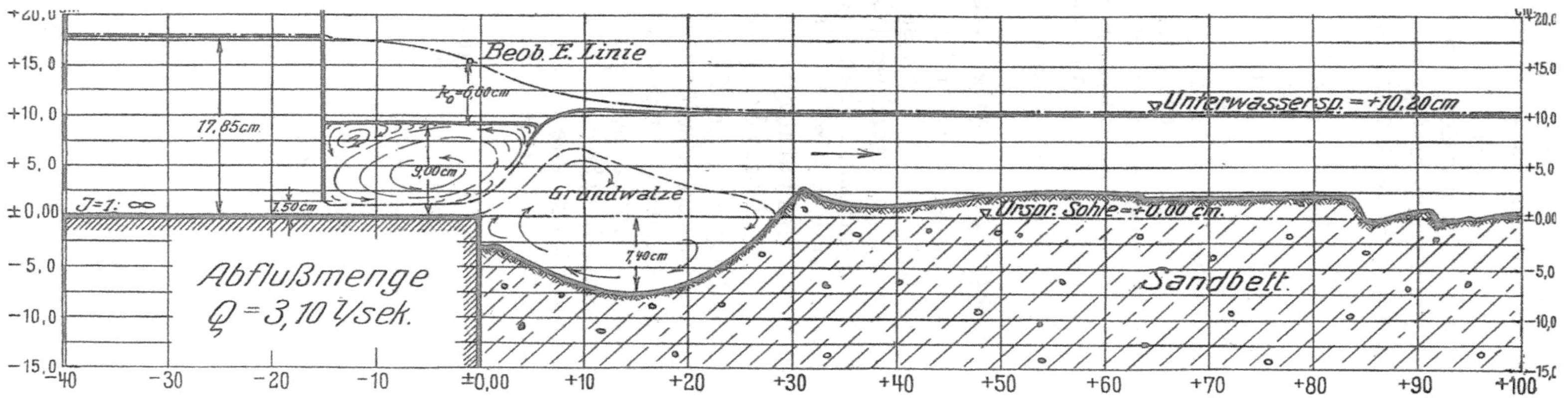

Kolkversuch 17. Grenzlage des Kolkes bei bevorstehendem Abflußwechsel.

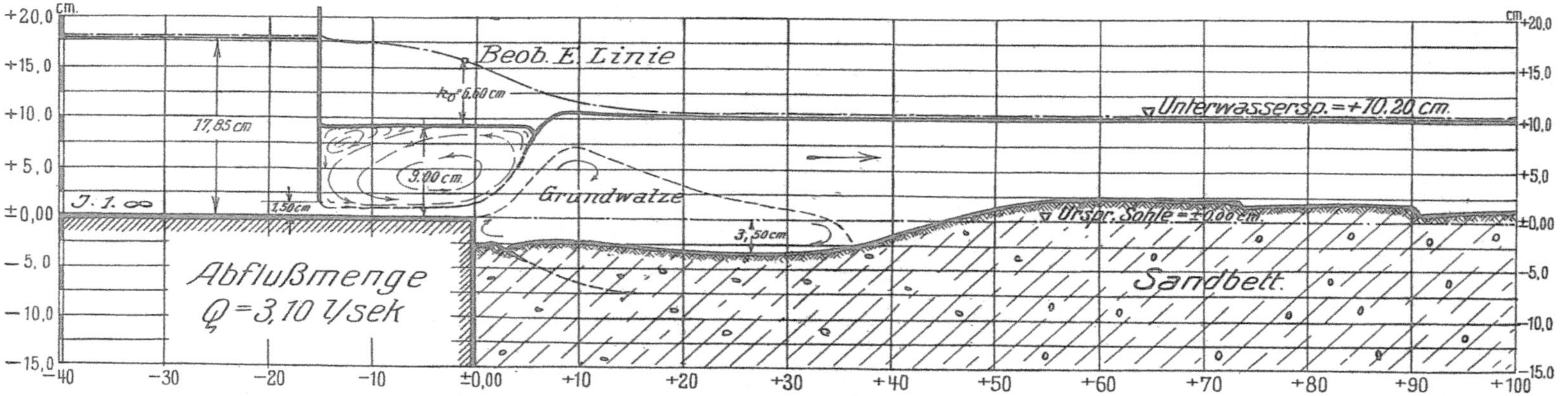

Abb. 31 Versuche an einem Schützenwehrmodell mit waagrechtem Schußboden von 15 cm Breite und 25 cm Länge zur Feststellung des Einflusses der Unterwasserstände auf die Sohlenauskolkungen. Abflußmenge 3,1 l/s und 4,0 l/s. Darstellung der beobachteten Abflußarten (vgl. Tafel 6).

Nach einer Abflußdauer von 30 min erreichte die Kolktiefe bei obigem Versuch in der Flußmitte 8,64 cm. Die Abweichung des Beobachtungswertes von dem Rechnungswerte beträgt also 0,67 cm, d. h. 7,75%. Dies ist aber erklärlich, wenn berücksichtigt wird, daß der Überfallstrahl sowohl von einer Grundwalze, als auch einer Deckwalze begrenzt war. Die Wirbelbildung war daher ziemlich kräftig, wodurch der Kolkraum noch weiter vertieft wurde. Die verschiedenartigen Kolklinien an den Glaswänden sind gleichfalls darauf zurückzuführen.

Ein weiterer Versuch wurde mit $Q = 4,0$ l/s und $t_u = 3,96$ cm ausgeführt. Damit war die Grenzlage $^4/_3 t_{gr} = {}^4/_3 \cdot 2,95 = 3,93$ cm knapp überschritten. An der Sprungwelle war jedoch erst dann ein Ansatz zur Deckwalzenbildung bemerkbar, als mit fortschreitenden Auskolkungen auf jener Strecke eine Hebung des Wasserspiegels eintrat. Daraus folgt gleichzeitig, daß der Kolktiefe auch bei dieser Art des Abflusses eine Grenze gesetzt ist. Denn sobald der Strahl am Schußboden, infolge eintretender Hebung des Wasserspiegels, von einer Walze überlagert wird, kann eine weitere Vertiefung durch den Schußstrahl selbst nicht mehr eintreten. Der Abflußvorgang gestaltete sich sonst ganz in derselben Weise wie bei dem vorhergehenden Versuch. Die Kolktiefe in der Flußmitte betrug am Ende der Versuchszeit von 30 min 12,5 cm.

2. Sohlenauskolkungen bei der Abflußart des Wechselsprunges mit freier Deckwalze.

Die folgenden Versuche wurden zwar unter Beibehaltung der obigen Abflußmengen, jedoch bei verschiedenen Schußbodenbreiten ausgeführt. Der Unterwasserspiegel wurde auf Grund der für $Q = 3,1$ l/s und $4,0$ l/s gemessenen Grenztiefen (t_{uf}) (vgl. S. 5, Zahlentafel 1 u. Abb. 14) zu 5,0 cm und 6,5 cm angenommen. Damit war die Art des Abflusses als Wechselsprung mit freier Deckwalze bestimmt. Über dem Schußstrahl lag die sehr lebhaft bewegte Wasserwalze, an deren flußabwärts liegendem Ende der Fließwechsel bereits erfolgt war (vgl. Abb. 30, Kolkversuche 11—15).

Der Kolk unmittelbar am Bauwerk ist lediglich auf den schroffen Übergang vom glatten Schußboden auf die rauhe Sohle zurückzuführen. Letztere erfordert ein größeres Gefälle sowohl für die Energielinie als auch für den Wasserspiegel. An der Übergangsstelle vom Schußboden zur Flußsohle wird daher eine Hebung des Wasserspiegels eintreten müssen. Das aber ist nur möglich, wenn daselbst eine plötzliche Erweiterung im Flußquerschnitt durch Vertiefung der Flußsohle eintritt, das jeweils von der unterhalb des Stromes sich bildenden Grundwalze besorgt wird. Je geringer die Breite des Schußbodens gegenüber der normalen Breite der Deckwalze ist (vgl. Zahlentafel 1), desto länger und tiefer wird auch der Kolk, weil ja der entstehende Kolkraum hauptsächlich von der Sohlenströmung, diese wieder von der Geschwindigkeit des oberhalb abfließenden Strahles abhängig ist. Das Versuchsergebnis ist für $Q = 4,0$ l/s aus Abb. 30 ersichtlich.

Eine Berechnung der Kolktiefe bei derlei Abflußarten mit Hilfe der Energielinie ist wohl denkbar, doch kaum von praktischer Bedeutung, da es möglich ist, durch ganz einfache Vorrichtungen die Kolkbildung für das Bauwerk unschädlich zu machen. Davon wird in einem folgenden Kapitel die Rede sein.

3. Sohlenauskolkungen bei der Abflußweise des gestauten Wechselsprunges.

Für die Abflußart des gestauten Wechselsprunges mußte der Unterwasserspiegel über die vorher mit 5 bzw. 6,5 cm angegebene Grenztiefe gehoben werden. Als Schußbodenbreite wurde 15 cm angenommen (vgl. Abb. 31, Lichtbildtafel 6). Der Vorgang gestaltete sich bei diesen Versuchen ähnlich wie bei denen mit erhöhtem Schußboden, da der Schußstrahl auch hier seine Lage in bestimmten Zeitabständen

wechselte. Floß der Strahl an der Sohle ab (vgl. Abb. 31, Versuch 16), so entstand je
nach der Unterwasserspiegellage in unmittelbarer Nähe des Bauwerkes ein ziemlich
tiefer Kolk mit einer anschließenden Auflandung. Die Schnittfläche der Deckwalze
vergrößerte sich dadurch wesentlich. Dies hatte die Verminderung der Drehgeschwindigkeit in der Deckwalze zur Folge, wodurch eine kleine Hebung des Wasserspiegels
über dem Schußboden eintrat. Das Maß dieser Wasserspiegelerhöhung machte sich im
Staubecken als Rückstau bemerkbar. Der Strahl selbst blieb so lange an der Sohle,
bis der dabei entstehende Kolkraum die Grenztiefe erreicht hatte. War dies ein-
getreten, so hob sich der Strahl plötzlich von der Sohle ab, brach am Ende des Schußbodens unter der schon viel kleineren Deckwalze an die Oberfläche durch und rief
daselbst, infolge der größeren Drehgeschwindigkeit in der Deckwalze, eine Senkung
des Wasserspiegels hervor. Dies bewirkte auch im Staubecken eine Senkung des
Wasserspiegels, der wieder die frühere Lage einnahm und im gestauten Wechselsprung eine Vergrößerung der Sprunghöhe p. Letztere bedeutet bekanntlich die
Differenz der Wasserspiegellagen vor dem Schütz und am Ende der Deckwalze.

Mit dem Wechsel des Strahlbildes zugleich stellte sich unterhalb des eigentlichen
Stromes eine Grundwalze ein, durch deren aufwärts gerichtete Sohlenströmung der
Kolkraum wieder größtenteils aufgefüllt wurde (vgl. Abb. 31, Versuch 17). Sobald
dann die Flußsohle wieder soweit gehoben war, daß die Stoßkraft des Schußstrahles
am Schußbodenende größer war als der statische Gegendruck des strömenden Unterwassers, tauchte dieser gänzlich in das Unterwasser. Dabei entstand unmittelbar am
Schußbodenende ein tiefer Kolk und das vorherige Wechselspiel wiederholte sich
aufs neue, sobald die Grenzkolktiefe erreicht war.

4. Zusammenfassung der Versuchsergebnisse.

Betrachten wir in Abb. 32 die graphische Zusammenstellung der Versuchswerte,
die durch die Linien _1_ und _2_ dargestellt sind, so geht daraus deutlich hervor, d a ß   d i e
K o l k t i e f e   z u n ä c h s t   b e i   d e r   U n t e r w a s s e r t i e f e $t_u \cong t_{gr}$ e i n   H ö c h s t m a ß
e r r e i c h t .

Bei $t_u < t_{gr}$ müßten daher die Linien _1_ und _2_ ganz steil herunterfallen — das
ist in Abb. 32 nicht eingezeichnet — und bei $t_u = t_o$ den Wert 0 annehmen. In diesem
Falle ist bekanntlich kein Energieverlust vorhanden, da auch keine Arbeit geleistet
wird. Das ist allerdings nur bei ganz glatter Sohle oder großem Gefälle möglich.

S t e i g t   d e r   U n t e r w a s s e r s p i e g e l   ü b e r   d i e   t h e o r e t i s c h e   G r e n z l a g e ,   s o
n i m m t   d i e   K o l k t i e f e   r a s c h   a b   u n d   e r r e i c h t   b e i   d e r   G r e n z t i e f e t_{uf} i h r e n
M i n d e s t w e r t .   V o n   d a   a b   w i r d   m i t   z u n e h m e n d e r   U n t e r w a s s e r t i e f e   a u c h
d i e   K o l k t i e f e   s t e t s   g r ö ß e r .

Die Behauptung [1]: »Je größer v_u bzw. das Gefälle der an den Kolk anschließenden Flußstrecke ist, desto kürzer und weniger tief wird der Kolk werden«, stimmt
somit nur für die Unterwassertiefen $t_u > t_{uf}$, d e n n   s o b a l d   d e r   S t r a h l   d u r c h
d e n   S p r u n g   f r e i   i n   d a s   U n t e r w a s s e r   f ä l l t   (vgl. Versuch 1, Abb. 26), i s t   d i e
S o h l e   s o   l a n g e   d e m   A n g r i f f   d e s   Ü b e r f a l l s t r a h l e s   a u s g e s e t z t ,   b i s   d i e   E i n -
dringungstiefe $\left(\dfrac{v^2}{g} \right)$ in dem auf diese Weise geschaffenen Kolkraum nicht
erreicht ist. Sohlenreibungen können diese Arbeit verzögern, niemals
aber die Kolktiefe verringern. Das rasche Ansteigen der Linie _1_ und _2_ bei
$t_u < t_{uf}$ (Abb. 32) wäre sonst gar nicht zu erklären. Sie zeigen einen auffallend ähn-

---

[1] G. J. Lehr, Ein Beitrag zur Berechnung der Kolktiefe. Der Bauingenieur 1926, II, 6.

lichen Verlauf, wie die Geschwindigkeitshöhenlinie (vgl. Abb. 5, Linie *3*) mit dem Unterschiede, daß die tiefste Lage der Kolklinien nicht bei $t_u = t_{gr}$ ist, sondern bei $t_u = t_{uf}$, d. h. bei der Grenzswassertiefe des Fließwechsels mit freier Deckwalze.

Eine weitere wichtige Feststellung enthält ebenfalls in Abb. 32 die Linie *3*. Diese gibt für $Q = 4{,}0$ l/s diejenigen mittleren Geschwindigkeitshöhen an, die bei verschiedenen Unterwassertiefen 1 cm flußaufwärts vom Schußbodenende mit dem auf den Lichtbildern auf Tafel 6 sichtbaren Staurohr gemessen sind. Die Energielinie über dem Wasserspiegel erreicht somit bei $t_u = t_{uf}$ an der obigen Meß-

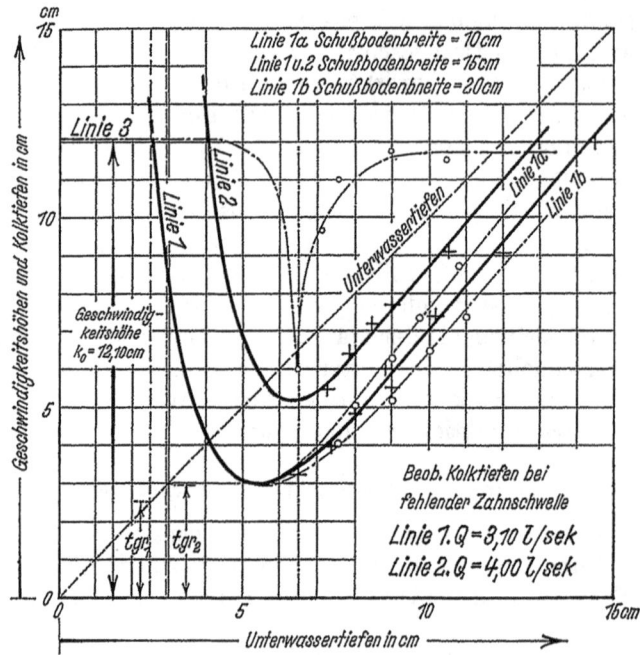

Abb. 32. Graphische Auftragung der Beobachtungswerte zur Feststellung des Einflusses der Unterwasserspiegellagen über Schußbodenhöhe auf die Kolktiefen bei Abflußmengen $Q = 3{,}1$ l/s und $Q = 4{,}0$ l/s. Schußbodenbreiten $L = 10$, 15 und 20 cm.

stelle die tiefste Lage, folglich ist der Verlust an nutzbarer Arbeitsmenge bei der Abflußart des Wechselsprunges mit freier Deckwalze am größten. Sobald t_{uf} überschritten wird, steigt auch die Linie *3* ganz plötzlich an, ein Zeichen, daß der Energieverlust rasch abnimmt und die vom Schußstrahl geleistete Arbeit hauptsächlich zur Überwindung des Reibungswiderstandes (Verzögerung) verwendet wird. Die Schnittfläche der Deckwalze wird sich dementsprechend vergrößern, wie das in Abb. 13 graphisch dargestellt ist und im Kapitel über den gestauten Wechselsprung auf S. 16 besprochen wurde.

Bei losem Flußbett ist eine Vergrößerung der Deckwalze natürlich nur beim unteren Abfluß möglich (vgl. Abb. 31, Versuch 16), woraus hervorgeht, daß die mit der Unterwassertiefe zunehmende Kolktiefe und Deckwalzenlänge in enger Beziehung zueinander stehen. Damit aber aus diesem Zusammenhange eine Berechnung der Kolktiefe für diese Art des Abflusses möglich ist, müßte die Energielinienlage innerhalb der Energieumbildungsstrecke (Deckwalzenbreite) bekannt sein. So lange diese Frage nicht gelöst ist, kann davon auch keine Rede sein.

Um zu zeigen, in welchem Maße die Schußbodenbreite und die damit zugleich sich ändernde Geschwindigkeitshöhe die Kolktiefe beeinflussen, wurden einige Versuche auch mit einem Schußboden von 20 cm und 10 cm Breite ausgeführt. Die Versuchsergebnisse sind in Abb. 32 durch die Linie *1a* und *1b* graphisch dargestellt.

D. Verminderung der Sohlenauskolkungen bei Wehren durch Zahnschwellen und ihre Wirkung bei den verschiedenen Abflußarten.

Es galt bisher als fachgemäß, daß man die Wirkung des an Wehren abfließenden Wassers zunächst abwartete und den Schaden erst nachträglich zu beheben trachtete. Das ist nun heute mit der Forderung, wirtschaftlich zu bauen, nicht mehr vereinbar. Die Bestrebungen der letzten Zeit zielen dahin, vorbeugend vorzugehen und mit Hilfe besonderer Vorrichtungen die Bildung schädlicher Kolke von vorneherein zu verhindern[1]).

Eine solche Vorrichtung ist die »Zahnschwelle« von Prof. Th. Rehbock, die an zahlreichen Laboratoriumsversuchen erprobt und schon vielfach ausgeführt wurde. Diese besteht aus einer am Schußbodenende quer zur Wehrachse angebrachten dachartigen Schwelle, die in regelmäßigen Abständen stromaufwärts gerichtete Zähne mit lotrechter Stirnwand besitzt (vgl. Abb. 33). Näheres darüber in dem Werke von Th. Rehbock, Die Bekämpfung der Sohlenauskolkungen bei Wehren durch Zahnschwellen.

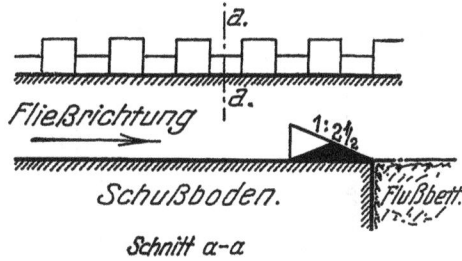

Abb. 33. Zahnschwelle nach Prof. Th. Rehbock.

Hier soll hauptsächlich die Wirkungsweise der Zahnschwelle bei den einzelnen bisher behandelten Abflußarten untersucht werden. Die nachstehenden Versuche (vgl. Abb. 35, Kolkversuch 18—22) wurden daher unter denselben Bedingungen wie vorher (vgl. Abb. 30), jedoch mit einer am Schußbodenende eingebauten Zahnschwelle von 1,5 cm Breite und 0,6 cm Höhe ausgeführt. Die Zahn- und Lückenbreite war gleichfalls 0,6 cm. Bei Versuch 22 mit nur 10 cm Schußbodenbreite war die Zahnschwelle jedoch nur 1,0 cm breit und 0,4 cm hoch.

Die Versuchsergebnisse sind in Abb. 34 durch die Linie *1'* und *2'* graphisch aufgetragen. Um den Vergleich zu erleichtern, wurden aus Abb. 32 die Linien *1* und *2* der Kolktiefen bei den Versuchen ohne Zahnschwelle nochmals eingezeichnet. Aus dieser graphischen Zusammenstellung geht nun hervor, daß die beobachteten Kolktiefen bei den Unterwassertiefen unterhalb der Grenztiefe $t_u < t_{ug}$ fast gleich groß sind, denn auch die Zahnschwelle kann den hinter dem Sprung durch den Überfallstrahl entstehenden Kolk nicht verhindern. Allein das ist auch nicht der Zweck der Zahnschwelle, wie überhaupt Sohlenauskolkungen niemals gänzlich oder nur auf sehr kostspieligem Wege zu vermeiden sind. Durch die Zahnschwelle sollen hauptsächlich die schädlichen Kolke unmittelbar am Bauwerke verhindert werden. Das aber ist trotz der ungünstigen Abflußverhältnisse in vollem Maße gewährleistet. Der in größerer Entfernung auftretende Kolk ist meistens nicht mehr gefährlich.

---

[1]) Auf die verschiedenen in letzter Zeit aufgetauchten Mittel gegen Sohlenauskolkungen kann hier nicht näher eingegangen werden, zumal dies den Rahmen dieser Arbeit überschreiten würde, andererseits aber auch deshalb, weil für die meisten noch keinerlei praktische Erfahrungen vorliegen.

Verminderung der Kolke durch Zahnschwellen.

Kolkversuch 18. Schußbettbreite = 30 cm. Zahnschwelle von 2,0 cm Breite und 0,8 cm Höhe.

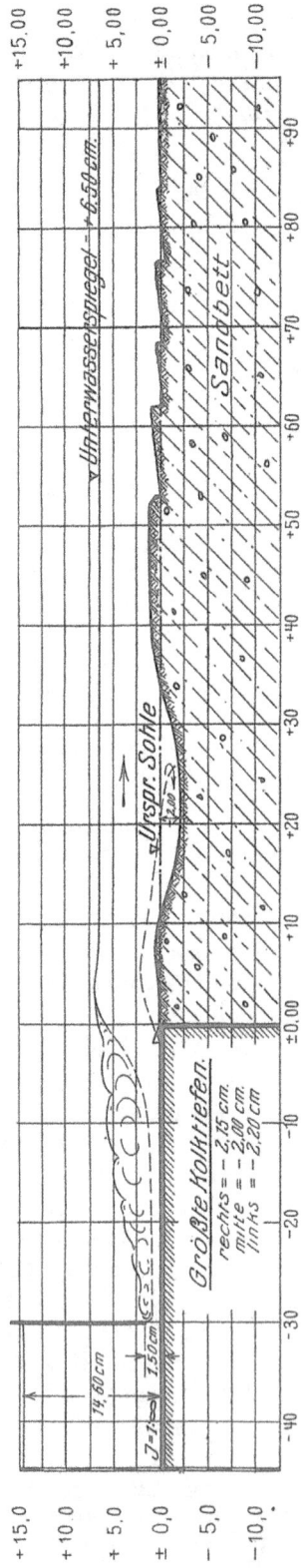

Kolkversuch 19. Schußbettbreite = 25 cm. Zahnschwelle von 1,5 cm Breite und 0,6 cm Höhe.

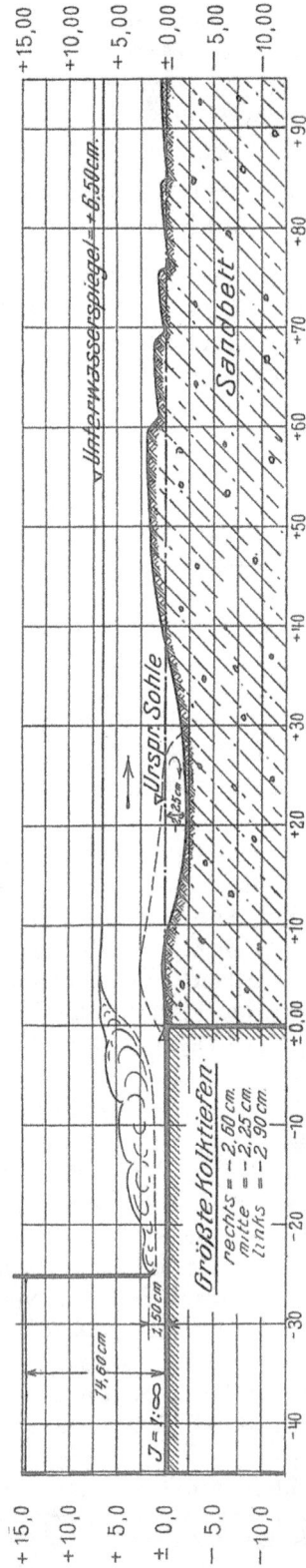

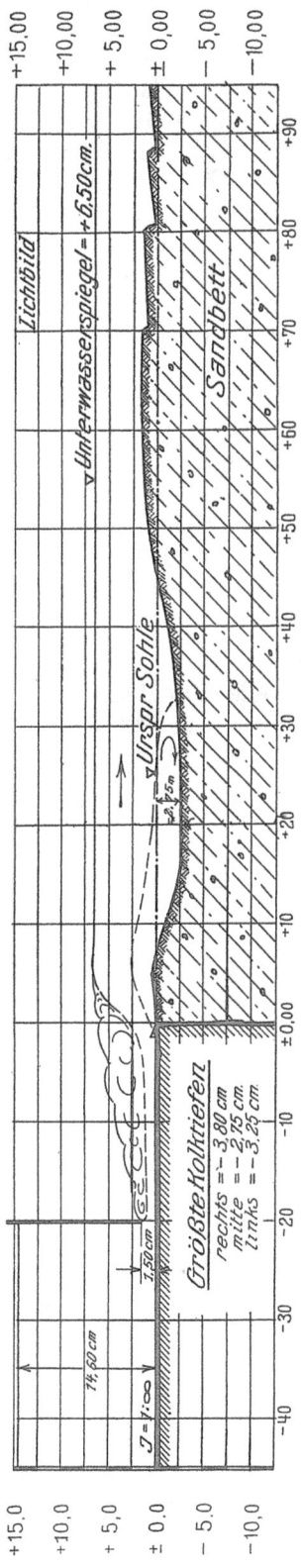

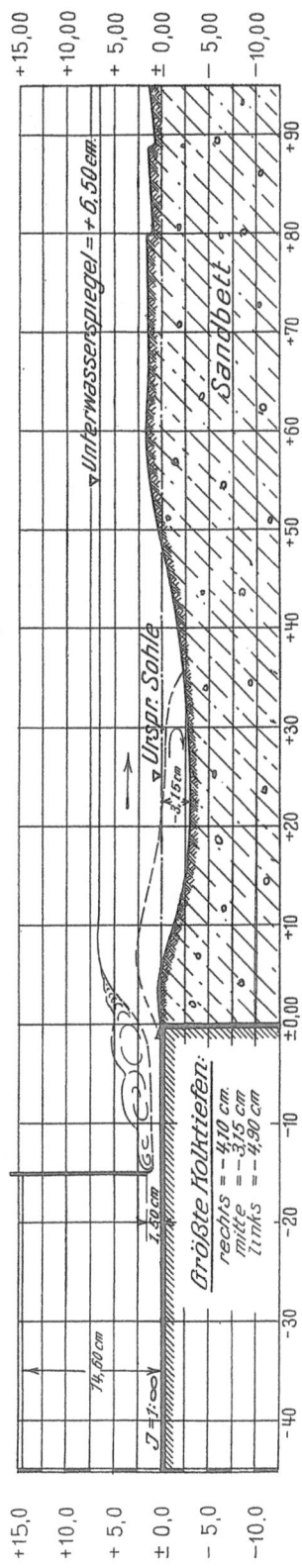

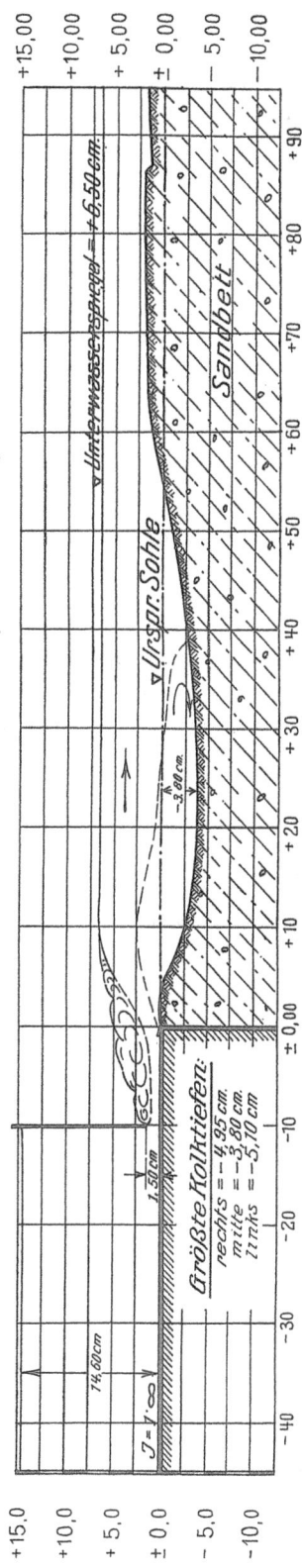

Abb. 35. Versuche an einem Schützenwehrmodell mit waagrechtem Schußboden von verschiedener Breite und 25 cm Länge mit eingebauter Zahnschwelle von verschiedener Größe. Q = 4,0 l/s. Abflußdauer 30 min. Unterwasserspiegel jeweils in der Grenzlage des Fließwechsels mit freier Deckwalze (vgl. Tafel 5).

Steigt der Unterwasserspiegel über die Grenzlage, wobei der Schußstrahl stets von einer Deckwalze bedeckt ist, so kommt die Zahnschwelle in hervorragender Weise zur Geltung, denn es entsteht nicht nur hinter der Schwelle kein Kolk, sondern es zeigt sich im Gegenteil eher eine Auflandung infolge der aufwärts gerichteten Sohlenströmung der Grundwalze (vgl. Abb. 35, Lichtbild 18). Der Kolk ist dabei wesentlich geringer als der bei fehlender Zahnschwelle, liegt ziemlich weit flußabwärts und ist für das Bauwerk nicht mehr schädlich. Mit zunehmender Unterwassertiefe wird die Kolkbildung allmählich geringer (vgl. Abb. 34, Linie *1'* und *2'*), da mit der Unterwassertiefe gleichzeitig auch die Querschnittsfläche der Grundwalze unter dem Strom wächst, folglich in ihr die Sohlenströmung und damit die Geschiebebewegung geringer wird.

Eine weitere Wirkung der Zahnschwelle bezieht sich auf das Bauwerk selbst und ist besonders von Bedeutung. Durch Einbau einer Zahnschwelle ist es möglich, den Schußboden erheblich zu verringern, ohne daß unmittelbar hinterher Unterkolkungen zu befürchten wären, denn einerseits wird der Strahl von der Sohle abgelenkt, anderseits vermag die unter dem Strahl sich bildende Grundwalze den unbefestigten Boden, besonders am Schußbodenende, nicht mehr anzugreifen (vgl. Abb. 35).

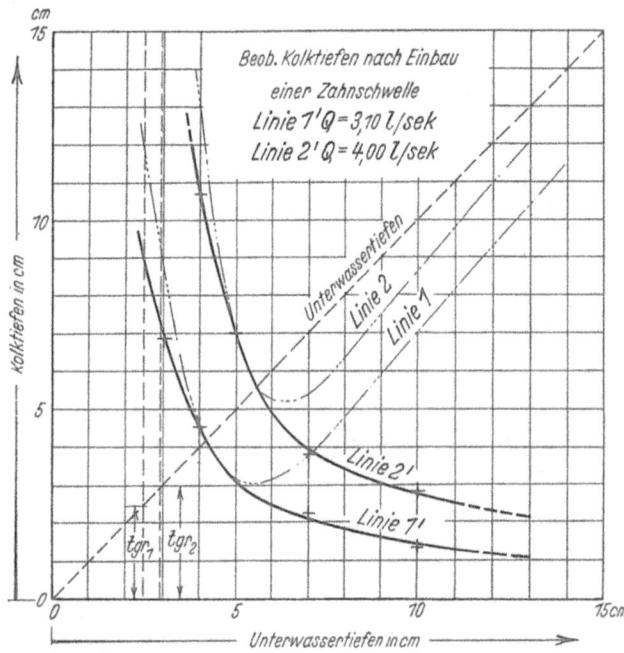

Abb. 34. Graphische Auftragung der Beobachtungswerte zur Feststellung des Einflusses der Unterwasserspiegellagen über Schußbodenhöhe auf die Kolktiefen, nach Einbau einer Zahnschwelle am Schußbodenende nach Prof. Th. Rehbock. Abflußmenge Q = 3,1 l/s und 4,0 l/s.

Es darf hier natürlich nicht vergessen werden, daß die Wirkung der Zahnschwelle zum Teil auch von der richtigen Lage und Bemessung ihrer Größe abhängig ist. Nach den Versuchserfahrungen muß die Schwellenhöhe um so kleiner sein, je größer die Geschwindigkeitshöhe des Wasserstromes unmittelbar vor der Zahnschwelle ist und umgekehrt. Hiermit ist gleichzeitig auch gesagt, daß bei der Fließart des Wechselsprunges mit freier Deckwalze oder des gestauten Wechselsprunges die Zahnschwellenhöhe mit der Schußbodenbreite in gleichem Sinne zu ändern ist. Das geht auch aus den auf Abb. 35 angeführten Kolkversuchen hervor.

Es empfiehlt sich, das Höhenmaß der Zahnschwelle an Stelle einer empirischen Formel durch Modellversuche festzustellen, wie auch die günstige Wehr- und Sturzbettausbildung nur auf dem Wege systematischer Laboratoriumsversuche gefunden werden kann.

E. Schlußfolgerungen.

Die angeführten Versuche sind vor allem für den Wehrbau von praktischer Bedeutung. Es zeigte sich, daß die Abflußweise des Fließwechsels vom Schießen zum Strömen einerseits von der Unterwasserspiegellage, anderseits aber auch von der Lage des Schußbodens abhängig ist. Eine Änderung der Unterwasserspiegellage ist aber nur selten oder nur auf sehr kostspieligem Wege möglich, wogegen der Schußboden meistens ohne besondere Schwierigkeiten in der vorgesehenen Lage angelegt werden kann.

Die Versuche führten zu der wichtigen Feststellung, daß der Energieverlust, der durch den Abflußwechsel entsteht, bei der Abflußweise des Wechselsprunges mit freier Deckwalze am größten ist und daß übereinstimmend damit die Kolktiefen hier am kleinsten sind. Soll daher ein Wehr gebaut werden, so ist es die erste Aufgabe, die Schußbodenlage im voraus so zu bestimmen, daß der Abfluß in der günstigsten Weise, d. h. unter Bildung eines Wechselsprunges mit Deckwalze erfolgt. Die Grenzen der einzelnen Abflußarten sind aus dem Bisherigen bekannt.

Wenn nun die Abflußmenge und die Unterwasserspiegellage über Schußbodenhöhe gegeben ist — die Schußstrahltiefe kann aus der Überfallhöhe oder Druckhöhe ermittelt werden — so wird daraus zunächst die Grenztiefe t_{uf} berechnet, um zu sehen, welche der Abflußarten zu erwarten ist. Ist $t_{uf} = t_u$ (die Wassertiefe über der Schußbodenhöhe), so kann die Schußbodenlage als richtig bezeichnet werden, ist dagegen $t_{uf} > t_u$, so muß an eine Tieferlegung des Schußbodens gedacht werden, wenn der Abflußwechsel sich unter Bildung einer Deckwalze vollziehen soll. Das Maß der Tieferlegung ergibt sich auch aus der Differenz $(t_{uf} - t_u) = \Delta t$. Dabei wird es natürlich häufig vorkommen, daß dadurch der Schußboden tiefer als die Flußsohle zu liegen kommt.

Berücksichtigen wir nun, daß die obigen Berechnungen, wenn auch nicht für die außergewöhnlichen, so doch für die mittleren Hochwassermengen ausgeführt werden müssen, so geht daraus klar hervor, daß es ohne wesentliche Erhöhung der Baukosten nicht immer möglich ist, den Schußboden in der gewünschten Lage auszubauen. Das gilt besonders bei kleinen Unterwasserständen. In diesem Falle ist es aber auch nicht immer erforderlich, das Sturzbett soweit zu vertiefen, da bekanntlich auch bei größeren Abflußmengen das Stauziel nicht überschritten werden darf, infolgedessen die beim Abflußwechsel freiwerdende kinetische Energie im Verhältnis zu den kleineren Abflußmengen auch geringer ist. Damit ist aber auch schon gesagt, daß sich der Abflußwechsel einerseits ruhiger gestaltet, anderseits aber die tiefsten Kolkstellen, wie die Versuche zeigen, erst in größerer Entfernung flußabwärts entstehen und daher für das Bauwerk nicht mehr schädlich sind. Daraus ergibt sich, daß bei kleinen Unterwasserständen oder bei großen Sohlengefällen der Schußboden entweder auf Sohlenhöhe zu verlegen oder um so viel zu vertiefen ist, daß bei normalen Abflußmengen etwa bis zum Mittelhochwasserabfluß der Abflußwechsel unter Bildung einer Deckwalze gesichert ist. Bei größeren Unterwasserständen ist dies meistens ohne besondere Schwierigkeiten möglich.

Eine über Sohlenhöhe liegende Schußbodenanordnung sollte womöglich vermieden werden[1]) und wäre nur dann zulässig, wenn die Bedin-

---

[1]) Siehe H. Roth, Kolkerfahrungen und ihre Berücksichtigung bei der Ausbildung beweglicher Wehren.

gung $t_{uf} > t_u$ bei jeder möglichen Abflußmenge und Unterwasserspiegellage erfüllt ist, da andernfalls unmittelbar am Bauwerke überaus schädliche Sohlenauskolkungen zu erwarten sind. Das gilt natürlich für den Schußboden, nicht aber für die Wehrschwelle selber, die man über Sohlenhöhe ausbauen kann, ohne dadurch den Abfluß und damit die Sohlenauskolkung ungünstig zu beeinflussen.

Es darf hier allerdings nicht vergessen werden, daß auch bei dem Abflußwechsel mit freier Deckwalze ganz besonders aber bei dem gestauten Wechselsprung unmittelbar in der Nähe des Bauwerkes Sohlenauskolkungen entstehen, doch wird diese Gefahr auf einfache Weise durch Einbau einer Endschwelle[1]) völlig beseitigt.

Eine nicht minder wichtige Frage ist außer der Lage auch die Breite des Schußbodens zu bestimmen. Aus der Zusammenstellung der Versuche in Abb. 34 geht hervor, daß die Breite des Sturzbettes, natürlich unter Berücksichtigung der Standsicherheit des Wehres, soweit fester oder undurchlässiger Boden vorhanden ist, bedeutend verringert werden kann, wenn ein Wechselsprung mit Deckwalze auftritt. Die schädlichen Kolke werden dann durch Einbau einer Endschwelle verhindert.

Für die Breite des Sturzbodens sind in erster Reihe die dem Bauwerk zugrunde gelegten statischen Berechnungen maßgebend. Eine weitere Verbreiterung des Sturzbettes verteuert meistens nur die Anlagekosten und hat selten die erhoffte Wirkung. Bei Überfallwehren oder bei beweglichen Wehren mit teilweise oberem Abfluß ist natürlich zu beachten, daß der überfallende Strahl unter allen Umständen noch auf dem befestigten Wehrboden vor der Endschwelle auftrifft.

Bei beweglichen Wehren ergibt sich noch eine weitere Aufgabe, nämlich die erforderliche Länge der Wehrpfeiler festzustellen. H. Roth[2]) ist der Meinung, daß der Sturzboden bis zum Pfeilerende geführt werden sollte, damit die Sohle zwischen den Pfeilern geschützt sei. Versuche, wie diese im Karlsruher Flußbaulaboratorium z. B. für das Kraftwerk Ryburg-Schwörstadt am Oberrhein unter Beteiligung des Verfassers ausgeführt wurden, zeigten dagegen, daß eine Weiterführung des Pfeilers flußabwärts (bei den erwähnten Versuchen betrug das Maß der Verlängerung 3,5 m) nicht nur nicht schädlich ist, sondern mit Rücksicht auf die hinter dem Pfeiler entstehende Wirbelzone sogar sehr günstig wirkt.

In Bezug auf den Wehrverschluß ist es wichtig, diesen so zu gestalten, daß bei Öffnen der Schützen ein gleichmäßiger Abfluß möglichst gesichert sei, da andernfalls schädliche Sohlenauskolkungen unausbleiblich sind.

Der Zweck der vorliegenden Arbeit war, die Abflußvorgänge bei den verschiedenen Abflußarten des Fließwechsels vom Schießen zum Strömen zu klären und so weit möglich auch rechnerisch zu erfassen.

Als weitere Aufgabe bleibt nun auch die äußere Form der behandelten Abflußbilder und damit zugleich die inneren Zusatzkräfte mathematisch festzulegen, wodurch dann bei jedem künstlichen Eingriff in einen Wasserlauf die Wirkungsweise des abfließenden Wassers vorausbestimmt werden könnte[3]).

---

[1]) Siehe Zahnschwelle von Prof. Rehbock.

[2]) Siehe H. Roth, Kolkerfahrungen und ihre Berücksichtigung bei der Ausbildung beweglicher Wehre.

[3]) Siehe P. Böss, Lit.-Verz. 16.

Abflußarten des Wassers beim Wechsel des Fließzustandes vom Schießen zum Strömen in einer 25 cm breiten Versuchsrinne mit Spiegelglaswänden und einem glatten ebenen Rinnenboden.

Versuchsanordnung I.

Lichtbild 1. Der Fließwechsel erfolgt als reiner Wechselsprung. Die kleine Grundwalze unter der Sprungwelle wird durch Färbung des Wassers sichtbar gemacht.

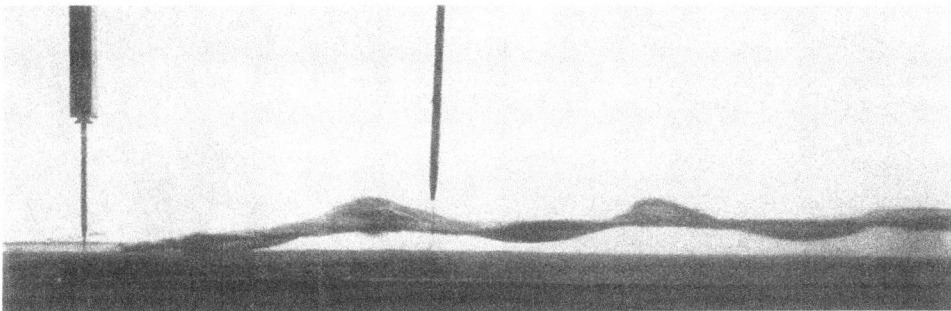

Lichtbild 2. Aufnahme des Wechselsprunges mit anschließenden Reaktionswellen. Vor dem Sprung bilden sich an beiden Seiten neben der Glaswand kleine Deckwalzen.

Lichtbild 3. Der Fließwechsel erfolgt als Wechselsprung mit darüber liegender freier Deckwalze (Aufnahme der Versuchsanordnung I)

Der Wechsel des Fließzustandes vom Schießen zum Strömen bei den Abflußarten des getauchten und des gewellten Strahles. Versuche zur Bestimmung der krit. Unterwasserspiegellagen beim Wechsel des Strahlbildes. Schützenwehrmodell mit erhöhtem ebenen Schußboden.

Versuchsanordnung II.

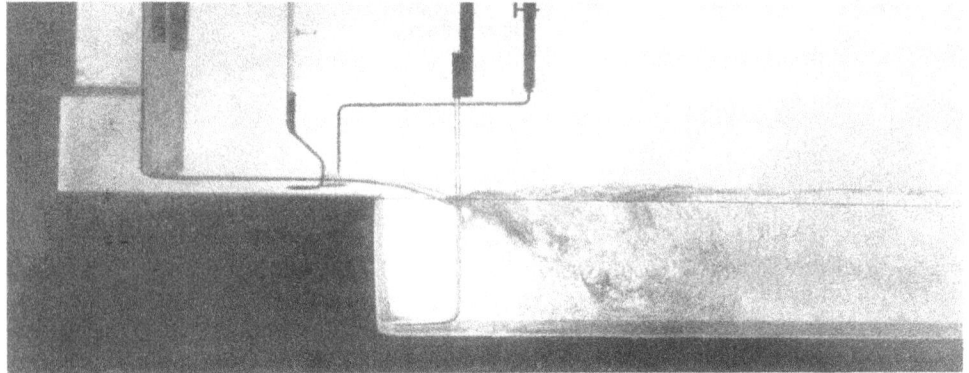

Lichtbild 4. Aufnahme des getauchten Strahles. (Wechselsprung mit gestauter Deckwalze.)

$Q = 7{,}0$ l/s	$t_s = 13{,}08$ cm gemessen
$L = 30$ cm	$t_o = 1{,}95$ cm ,,
$h = 17{,}10$ cm	$t_{u_1} = 19{,}07$ cm ,,
$s = 3{,}0$ cm	$t_{u_2} = 17{,}60$ cm ,,

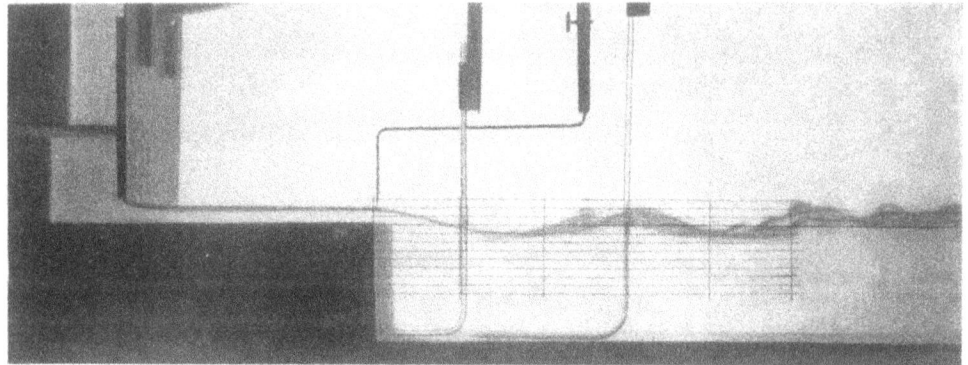

Lichtbild 5. Aufnahme des gewellten Strahles.

$Q = 5{,}5$ l/s	$t_o = 1{,}64$ cm gemessen
$h = 13{,}7$ cm	$-z = -1{,}56$ cm ,,
$s = 2{,}5$ cm	$t_{u_1} = 15{,}39$ cm ,,
$t_s = 11{,}35$ cm	$t_{u_1} = 15{,}60$ cm berechnet.

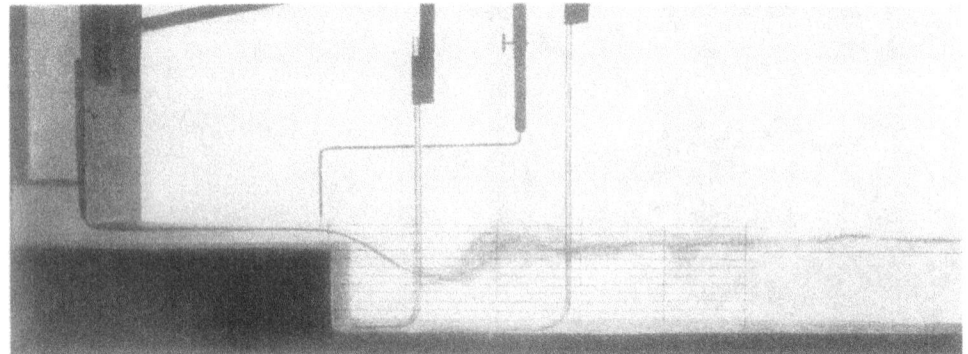

Lichtbild 6. Aufnahme des Überfallstrahles während des Überganges vom oberen in den unteren Abfluß.

$Q = 5{,}3$ l/s	$t_o = 1{,}98$ cm gemessen
$h = 10{,}0$ cm	$-z = -2{,}18$ cm ,,
$s = 3{,}0$ cm	$t_{u_2} = 11{,}14$ cm ,,
$t_s = 7{,}85$ cm	$t_{u_2} = 11{,}40$ cm berechnet.

Versuche über den Einfluß der Flußsohlenlage auf die Kolktiefe bei Wehren, bei gleichbleibender Abflußmenge, Schützöffnung und Schußbodenbreite. Versuchsanordnung II mit einem Flußboden aus gesiebtem Rheinsand. Abflußmenge $Q = 3{,}0$ l/s. (Vgl. Abb. 27.)

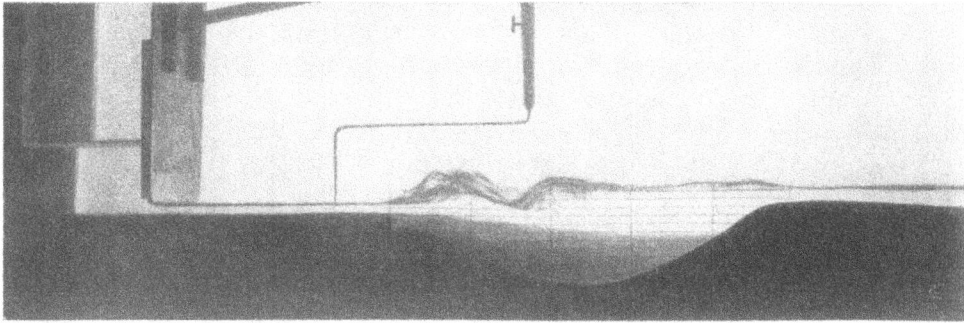

Lichtbild 7. Kolkversuch 1. Flußsohle auf Schußbodenhöhe. Der Schußstrahl springt am Ende der Wehrschwelle empor und fällt dann noch ziemlich geschlossen in das Unterwasser.

Lichtbild 8. Kolkversuch 4. Flußsohle 6 cm unter Schußbodenhöhe. Sohlenauskolkung bei dem getauchten Strahl. Luftbläschen und Sandkörner zeigen die Bewegung in der Deckwalze.

Lichtbild 9. Kolkversuch 5 Flußsohle 8,5 cm unter Schußbodenhöhe Oberer Abfluß. Flußsohle wird durch die Sohlenströmung der Grundwalze am Ende der Wehrschwelle aufgelandet

Lichtbild 10. Kolkversuch 5. Der gewellte Strahl taucht plötzlich unter, sobald die Flußsohle an der Übergangsstelle infolge Auflandung die krit. Lage unter Schußbodenhöhe erreicht hat.

Versuche über den Einfluß der Abflußmenge auf die Kolkbildung bei Wehren unter Berücksichtigung des Wechsels der Abflußarten bei gleichbleibender Sohlenlage. Versuchsanordnung II. Flußsohle 5 cm unter Schußbodenhöhe. (Vgl. Abb. 29.)

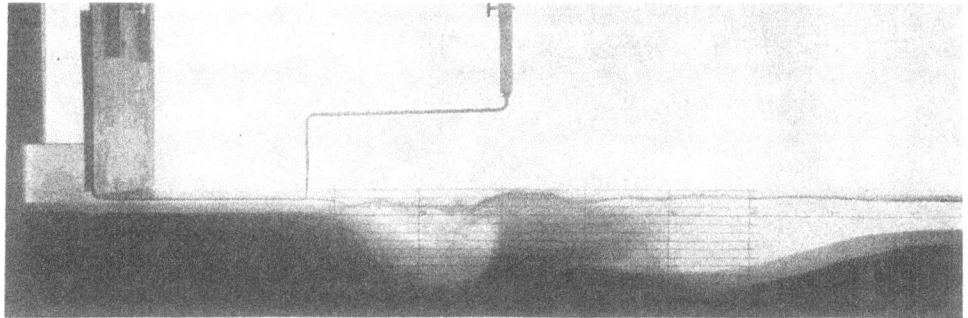

Lichtbild 11. Kolkversuch 6. $Q = 3,7$ l/s. Die Kolkwirkung des getauchten Strahles.

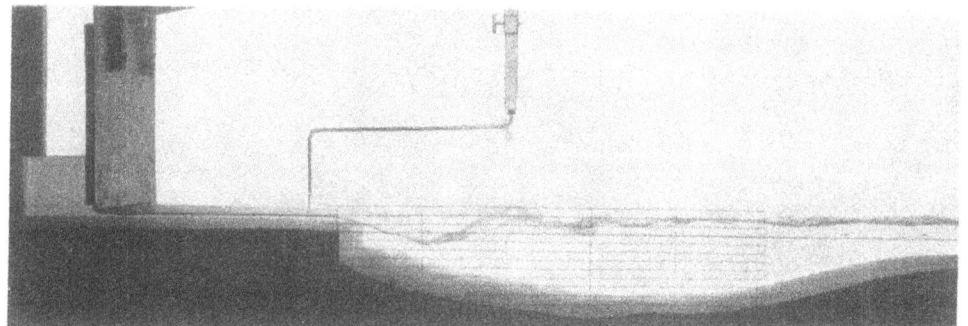

Lichtbild 12. Kolkversuch 6. Die Abflußweise des gewellten Strahles, bei welcher der an der
Übergangsstelle beim unteren Abfluß entstandene tiefe Kolk erneut aufgefüllt wird.

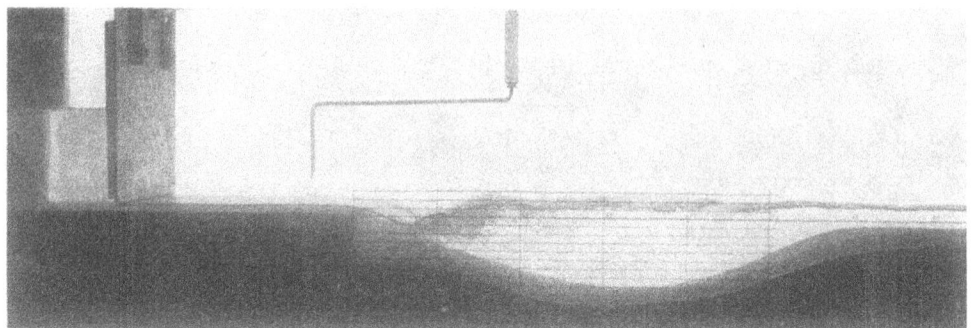

Lichtbild 13 Kolkversuch 7 $Q = 2,5$ l/s. Das Strahlbild beim plötzlichen Untertauchen

Lichtbild 14 Kolkversuch 8 $Q = 3,0$ l/s Der am Beginn des Versuches rasch einander
folgende Wechsel der Abflußarten führte im Unterwasser zu Schwallbildungen Die Meßspitze
zeigt den aufwärts wandernden Schwall.

I. Periodischer Wechsel der Abflußarten durch eine plötzliche Vertiefung oder Erhöhung des Sturzbettes bei gleichbleibender Abflußmenge, Überfallhöhe und Unterwassertiefe.

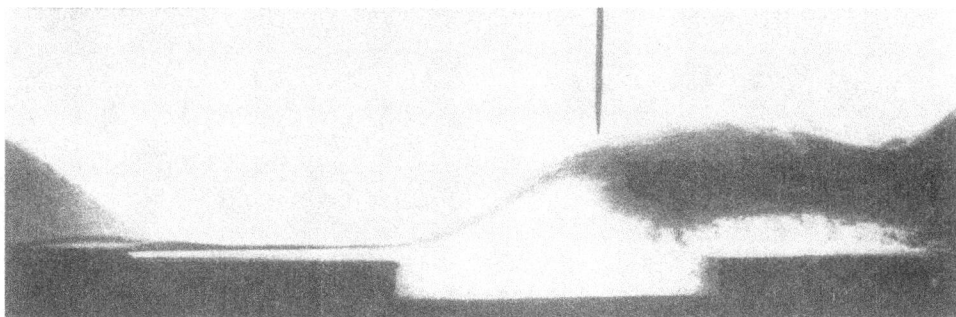

Lichtbild 15. Oberer Abfluß. $Q = 10,6$ l/s, $t_u = 8,8$ cm, $t_o = 0,85$ cm, $b = 50$ cm. Unterwassertiefe $t_u' = 9,94$ cm berechnet. Vertiefung am Sturzbett: 2,46 cm tief und 21,9 cm breit.

Lichtbild 16. Unterer Abfluß. Das Pendeln des Strahlbildes erfolgt innerhalb 9,5 s.

II. Die Wirkung der am Ende des Sturzbettes eingebauten Zahnschwelle[1] auf die Sohlenauskolkungen bei Wehren. Flußsohle auf Schußbodenhöhe.

Lichtbild 17. Kolkversuch 13. Schußboden ohne Zahnschwelle. Der Fließwechsel erfolgt als Wechselsprung mit freier Deckwalze. $Q = 4,0$ l/s, $t_u = 6,5$ cm. (Vgl. Abb. 30.)

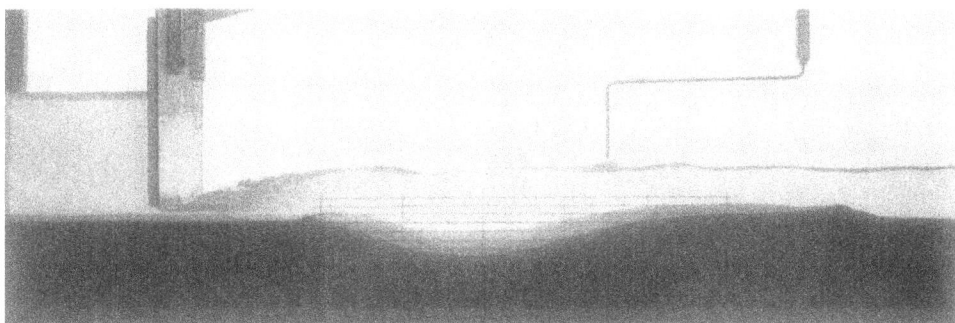

Lichtbild 18. Kolkversuch 20. Am Schußbodenende ist eine Zahnschwelle von 1,5 cm Breite und 0,6 cm Höhe eingebaut. Zahn- und Lückenbreite beträgt 0,6 cm, $t_u = 6,5$ cm (Vgl Abb. 35.)

[1] D.R.P. Nr. 413 708.

Tafel 6.

Einfluß der Unterwasserspiegellage auf die Sohlenauskolkungen bei Wehren, bei gleichbleibender Abflußmenge, Schützöffnung und Schußbodenbreite unter Berücksichtigung des Wechsels der Abflußarten. Flußsohle auf Schußbodenhöhe. (Vgl. Abb. 31.)

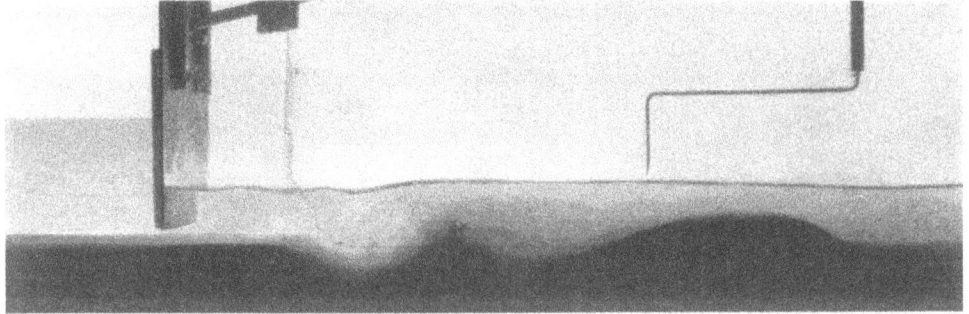

Lichtbild 19. Unterer Abfluß. Der Schußstrahl ist von einer Deckwalze völlig überlagert. $Q = 3{,}1$ l/s. Unterwassertiefe $t_u = 7{,}08$ cm. Mittlere Kolktiefe $= 4{,}9$ cm. $L = 15$ cm. $s = 1{,}5$ cm.

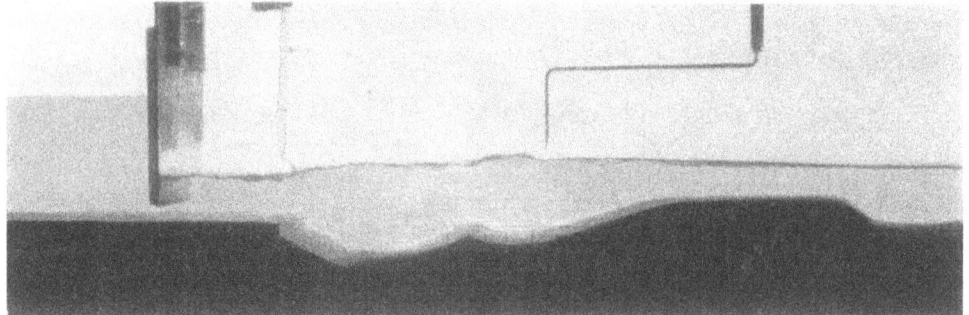

Lichtbild 20. Oberer Abfluß. Der Schußstrahl bricht am Ende des Schußbodens auf die Oberfläche des Unterwassers, sobald der Kolkraum die kritische Tiefe h' erreicht hat.

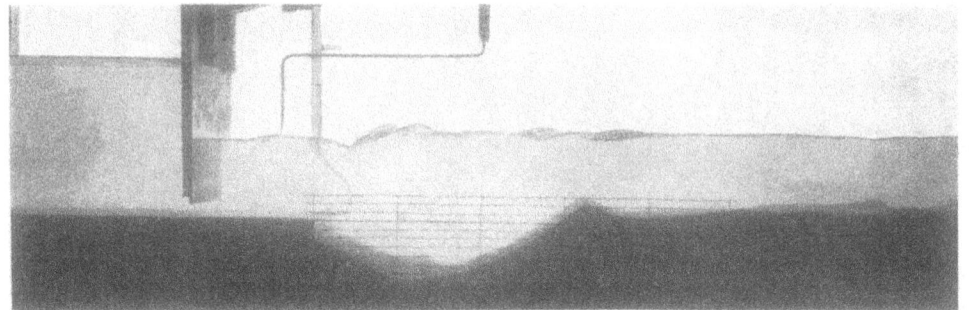

Lichtbild 21. Kolkversuch 17. Aufnahme des oberen Abflusses gleich nach dem Übergang. Abflußmenge $Q = 3{,}1$ l/s, $t_u = 10{,}2$ cm. Mittlere Kolktiefe $= 7{,}4$ cm. $L = 15$ cm. $s = 1{,}5$ cm.

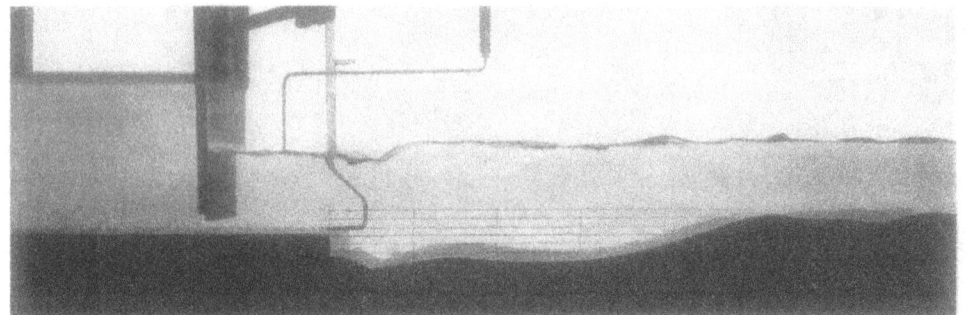

Lichtbild 22. Kolkversuch 17. Der Kolk ist infolge der aufwärtsgerichteten Sohlenströmung der Grundwalze aufgelandet. Lage der Flußsohle h'' bei bevorstehendem Wechsel der Abflußweise.

Literaturverzeichnis.

1. P. Böß, Berechnung der Wasserspiegellage beim Wechsel des Fließzustandes. VDI.-Verlag, Berlin NW. 7, Heft 284.
2. M. Bresse, Cours de mécanique appliquée (Seconde Partie: Hydraulique). Paris 1860.
3. Ph. Forchheimer, Hydraulik. Leipzig-Berlin 1914.
4. E. Fröhlich, Kolkungen und Sicherungsarbeiten am Stauwehr Augst-Wyhlen. S.B.Z. 1925, S. 329.
5. A. H. Gibson, The formation of ständing waves in an open stream. Minutes of proceedings of the institution of civil engineers. London, 1913—14, B. 197.
6. H. E. Gruner und Ed. Locher, Mitteilungen über Versuche zur Verhütung von Kolken an Wehren. Schweizerische Bauzeitung 1917.
7. K. J. Karlsson, Vattents ströming nedom skibord och utskov. Teknisk Tidskrift 1924. Wäg- och Watten bignadskonet 12.
8. Keck, Vorträge über Mechanik, 3. Aufl. 1909, 2. Teil.
9. Koch-Carstanjen, Bewegung des Wassers und dabei auftretende Kräfte. Berlin 1926.
10. G. J. Lehr, Ein Beitrag zur Berechnung des Kolkes. Der Bauingenieur 1926.
11. Th. Rehbock, Die festen Wehre. Handbuch der Ing.-Wissenschaften. III. Teil, II. Band, 1. Abteilung. 4. Auflage. Leipzig 1912.
12. Derselbe, Berechnung der Wasserspiegellage bei fließenden Gewässern unter Berücksichtigung der in den Flußbetten auftretenden Wasserwalzen. Die Wasserkraft 1921, Heft 4 und 5.
13. Derselbe, Die Bekämpfung der Sohlenauskolkungen bei Wehren durch Zahnschwellen. Sonderabdruck aus der Festschrift zur 100.Jahresfeier der T.H. Karlsruhe 1925.
14. A. Ritter, Beitrag zur Theorie der Wasserschwelle. Zeitschrift des Vereins deutscher Ingenieure 1895, Nr. 45.
15. H. Roth, Kolkerfahrungen und ihre Berücksichtigung bei der Ausbildung beweglicher Wehre.
16. P. Böß, Berechnung der Abflußmengen und der Wasserspiegellage bei Abstürzen und Schwellen unter besonderer Berücksichtigung der dabei auftretenden Zusatzspannungen. Wasserkraft und Wasserwirtschaft 1929, Heft 2/3.
17. Th. Rehbock, Betrachtungen über Abfluß, Stau und Walzenbildung bei fließenden Gewässern. Berlin 1917.
18. A. Rohringer, Hidraulikai számitások. Budapest 1926.

Die Strömung in Röhren und die Berechnung weitverzweigter Leitungen und Kanäle mit Rücksicht auf Be- und Entlüftungsanlagen, Grubenbewetterung, Gastransport, pneumatische Materialförderung etc. Von Dr.-Ing. Victor Blaeß.

Textb.: 153 S., 72 Abb. 8⁰. Tafelb.: 5 S., 85 Taf. 4⁰. 1911. Preis beider Bände zusammen M. 17.— geb.

Einführung in die theoretische Aerodynamik. Von Prof. Dipl.-Ing. C. Eberhardt.

144 S., 118 Abb. Gr.-8⁰. 1927. Brosch. M. 8.—. Leinen M. 9.50

Die Schiffsschraube und ihre Wirkung auf das Wasser. Photo-stereoskopische Aufnahmen unter gleichzeitigen Energie- und Geschwindigkeits-Registrierungen der im Wasser frei arbeitenden Schraube. Von Prof. Oswald Flamm.

23 S., 31 Taf. Lex.-8⁰. 1909. Brosch. M. 10.--

Strömungen einer reibungsfreien Flüssigkeit bei Rotation fester Körper. Beiträge zur Turbinentheorie. Von Ing. W. Kucharski.

150 S., 61 Abb. 8⁰. 1918. Brosch. M. 4.50

Neue Theorie und Berechnung der Kreiselräder, Wasser- und Dampfturbinen, Schleuderpumpen und -gebläse, Turbokompressoren, Schraubengebläse und Schiffspropeller. Von Prof. Dr. Hans Lorenz.

2. neubearb. und vermehrte Auflage. 252 S., 116 Abb. Gr.-8⁰. 1911. Geb. M. 11.—

Druck- und Geschwindigkeitsverhältnisse des Dampfes in Freistrahl-Grenzturbinen. Von Dr.-Ing. O. Recke.

124 S., 67 Abb., 3 Taf. 8⁰. 1907. Brosch. M. 2.50

Wasserabfluß durch Stollen. Untersuchungen aus dem Flußbaulaboratorium der Techn. Hochschule zu Karlsruhe. Von Dr.-Ing. Ernst Schleiermacher.

60 S., 31 Abb., 3 Tab. Lex.-8⁰. 1928. Brosch. M. 5.50

Neue Grundlagen der technischen Hydrodynamik. Von Dr.-Ing. L. W. Weil.

224 S., 133 Abb. 8⁰. 1920. Brosch. M. 6.50, geb. M. 7.70

Hydromechanik der Druckrohrleitungen einschließlich der Strömungsvorgänge in besonderen Rohranlagen. Von Dr.-Ing. Richard Winkel.

101 S., 43 Abb. 8⁰. 1919. Brosch. M. 3.—

Mitteilungen des Hydraulischen Instituts der Technischen Hochschule München. Herausgegeben vom Institutsvorstand Prof. Dr.-Ing. D. Thoma.

Heft 1: 95 S., 84 Abb., 1 Taf. Lex.-8⁰ 1926. Brosch. M. 5.80
Heft 2: 79 S., 88 Abb. Lex.-8⁰. 1928. Brosch. M. 5.80
Heft 3: 168 S., 233 Abb. Lex.-8⁰. 1929. Brosch. M. 12.—

Forschungsinstitut für Wasserbau und Wasserkraft e. V. München. Mitteilungen. Heft 1: Untersuchungen der Überfallkoeffizienten und der Kolkbildungen am Absturzbauwerk I im Semptflutkanal der „Mittleren Isar". Vergleich zwischen Modell und Wirklichkeit. Ein Beitrag zur Kritik der Wassermessung mittels Überfall. Von Dr.-Ing. O. Kirschmer.

44 S., 44 Abb., 1 Taf Lex.-8⁰. 1928. Brosch. M. 4.50

Wasserkraft und Wasserwirtschaft. Zeitschrift für die gesamte Wasserwirtschaft. Offizielles Organ des Deutschen Wasserwirtschafts- und Wasserkraft-Verbandes Berlin. Die Zeitschrift bringt laufend wichtige Beiträge zum Gebiete der Strömungslehre.

25. Jahrgang 1930. Erscheint monatlich zweimal. Bezugspreis vierteljährlich M. 4.--. Ausführlicher Prospekt und Probeheft kostenlos!

Jahrbuch der Wissenschaftlichen Gesellschaft für Luftfahrt E. V. (WGL).

1927: 190 S., 132 Abb. Lex.-8⁰. Leinen M. 20.—
1928: 175 S., 195 Abb., 12 Zahlentaf. DIN A 4. Leinen M. 20.—

Luftfahrtforschung. Berichte der Deutschen Versuchsanstalt für Luftfahrt, E. V., Berlin-Adlershof (DVL), der Aerodynamischen Versuchsanstalt zu Göttingen (AVA), des Aerodynamischen Instituts der Techn. Hochschule Aachen (AIA) und anderer Stätten der Luftfahrtforschung. Gesammelt als Beihefte zur „Zeitschrift für Flugtechnik und Motorluftschiffahrt" (ZFM) von der Wissenschaftl. Gesellschaft für Luftfahrt E. V. (WGL). Format DIN A 4.

Band 1 (bestehend aus 4 Heften: 164 S., 297 Abb., 118 Zahlentaf.) kostet zusammen bezogen M. 24.—
Band 2 (bestehend aus 5 Heften: 160 S., 303 Abb., 59 Zahlentaf., 6 Bildreihen auf Tafeln) kostet zusammen bezogen M. 24.—
Band 3 (bestehend aus 6 Heften: 160 S., 310 Abb., 39 Zahlentaf.) kostet zusammen bezogen M. 24.—
Band 4 (bestehend aus 5 Heften: 160 S., 236 Abb., 28 Zahlentaf.) kostet zusammen bezogen M. 24.—
Band 5 (bestehend aus 4 Heften: 164 S., 179 Abb., 87 Zahlentaf., 26 Schaubilder) kostet zusammen bezogen M. 24.—
Band 6 (bestehend aus 5 Heften: 164 S., 245 Abb., 31 Zahlentaf., 17 Kurventaf.) kostet zusammen bezogen M. 24.—
Ausführlicher Prospekt kostenlos!

Veröffentlichungen des Forschungs-Institutes der Rhön-Rossiten-Gesellschaft e. V. (RRG).

Nr. 1: Vergriffen
Nr. 2: Jahrbuch 1928 und Abhandlungen. 80 S., 93 Abb., 16 Zahlentaf. Lex.-8⁰. 1929. Brosch. M. 8.—
Nr. 3: Beobachtungsergebnisse aerologischer Flugzeugaufstiege in Darmstadt und auf der Wasserkuppe in der Rhön. Dez. 1927—Dez. 1928. 37 S. Lex.-8⁰. 1929. Brosch. M. 5.—

Ergebnisse der aerodynamischen Versuchsanstalt zu Göttingen. (Angegliedert dem Kaiser-Wilhelm-Institut für Strömungsforschung). Herausgegeben von Prof. Dr.-Ing. E. h. Dr. L. Prandtl und Prof. Dipl.-Ing. Dr. phil. A. Betz.

1. Lieferung: 3. Auflage. 144 S., 2 Taf., 91 Abb. Lex.-8⁰. 1925. Brosch. M. 8.—, Leinen M. 10.—
2. Lieferung: 84 S., 102 Abb. Lex.-8⁰. 1923. Brosch. M. 6.—, Leinen M. 8.—
3. Lieferung: 171 S., 149 Abb., 276 Zahlentaf. Lex.-8⁰. 1927. Brosch. M. 14.50, Leinen M. 16.50

ZFM Zeitschrift für Flugtechnik und Motorluftschiffahrt. Herausgegeben von der Wissenschaftlichen Gesellschaft für Luftfahrt e. V., Berlin (WGL). Mit Berichten der Deutschen Versuchsanstalt für Luftfahrt e. V., Berlin-Adlershof (DVL), sowie Beiträgen der Aerodynamischen Versuchsanstalt zu Göttingen (AVA) und des Aerodynamischen Institutes der Technischen Hochschule Aachen (AIA). Schriftleitung: Generalsekretär G. Krupp, Geschäftsführer der WGL. Wissenschaftliche Leitung: Prof. Dr.-Ing. E. h. Dr. L. Prandtl und Prof. Dr.-Ing. Wilh. Hoff.

21. Jahrg. 1930. Erscheint monatlich zweimal. Bezugspreis vierteljährlich M. 5.50

R. OLDENBOURG, MÜNCHEN 32 UND BERLIN W 10